13歳からの研究倫理

大橋淳史 著

知っておこう！
科学の世界のルール

化学同人

私の研究をいつも応援してくれる，
妻と子どもたちに本書を捧げます。

はじめに

　研究に「ルール」があることを知っていますか？
　みなさんは，学校の授業や自分の趣味で，実験や観察をすることがあるでしょう。それも研究です。そのときのルールとはどんなものでしょう？
　私たち科学者にとって，研究はとても魅力的で楽しいものです。科学者は研究を通じて世界の研究者とつながり，協力し，競い合いながら研究をおこなっています。科学研究には世界を変える大きな力があります。
　だからこそ，注意も必要です。研究には「答えを知りたい」という興味・関心が欠かせませんが，興味のままに好き勝手に活動すればよいわけではありません。多くの人が研究にたずさわり，成果をあげていくためには，法律や交通ルールと同じように，守らなくてはならないルールがあるのです。それが「研究倫理」です。このルールが守られないと，科学自体が成り立たなくなってしまうほど重要なものです。
　それなのに，研究倫理に違反してしまう人がいます。その理由の多くは「研究倫理をよく知らない」ことです。だから，大学生や研究者には研究倫理教育がおこなわれています。しかし，研究倫理は大学生以上だけに必要なものではありません。中学生でも高校生でも研究倫理違反をすれば，いろいろな問題が出てきます。がんばって研究したのに，認められないこともあります。それは悲しいですね。そこで，「研究倫理」という言葉を聞いたことがない人でも，ゼロから学べる本を書くことにしました。
　研究倫理を身近に感じながら理解できるよう，主人公3人の対話形式で話を進めていきます。また，実際の場面を想定したケーススタディやシミュレーションによって問題を疑似体験し，「あなたならどうするか」「その結果どうなるか」を自分で考えてみることができるようにしています。
　それによって，みなさんが研究のルールを守り，楽しく研究を進められるようになることを願います。研究のことを考えるとワクワクするという人が増えてくれるとうれしい限りです。

もくじ

序章 ルールを守って楽しく研究！　　7
1 「スゴイ研究がしたい！」　　8
2 研究にもルールがある　　10
　　基本精神／研究不正行為
3 ルールを守って新しい研究をするには　　13

第1章 なんといっても目的が大事です！　　15
1.1 どうして研究をするのだろう？　　16
　1.1.1 研究をするのは楽しいから？　16
　1.1.2 たいへんだからこそ楽しい？　19
1.2 研究の目的って何だろう？　　22
　1.2.1 研究では目的をハッキリさせることが必要！　22
　1.2.2 何を調べればいいのだろう？　24
　1.2.3 目的を決めないと……　25
1.3 研究目的はどうやって決めるの？　　26
　1.3.1 ゴールを決めるとやるべきことが見えてくる　26
　1.3.2 途中で別のアイデアを思いついたら　28
1.4 よい研究テーマを見つけるには？　　30
　1.4.1 原理や法則と矛盾しない!?　30
　1.4.2 ほかの人がやってみたくなる具体的なアイデア　31
　1.4.3 新しいアイデアを思いつくための方法　33
　1.4.4 幅広い興味関心をもとう！　34

第2章 研究はこんなふうに進めます　　37
2.1 疑問から研究目的へ　　38
　2.1.1 なぜそうなるのだろう？【はじめにある疑問】　38
　2.1.2 身近でできることから探そう【目的の探し方】　40
　ルールチェック 他人の研究を使うときのルール　41
2.2 仮説を立てよう　　42
　2.2.1 仮説と目的は違うの？【道すじを予想する】　42

2.2.2　仮説を立てないと……【理由を考える】　*44*
　　　ルールチェック　仮説と結果が違ったらどうする？　*45*
　2.3　計画を立てよう ──────────────────── *46*
　　　2.3.1　どうやって調べよう　【チェックポイントを決める】　*46*
　　　2.3.2　条件を変えるときのルール　【変数】　*47*
　　　ルールチェック　あなたにできることをやろう　*50*
　2.4　実験や観察をしよう ─────────────────── *53*
　　　2.4.1　手を動かして考える　*53*
　　　2.4.2　課題はひとつずつ解決する　【実験や観察で大事なこと①】　*55*
　　　2.4.3　研究に使える時間は？　【実験や観察で大事なこと②】　*55*
　　　2.4.4　記録はできるだけ詳細に　【実験や観察で大事なこと③】　*56*
　　　ルールチェック　悪意のない間違いは許される？　*57*
　2.5　結果について考察しよう ──────────────── *59*
　　　2.5.1　疑問はどこまで明らかになったか？　【考察とは】　*59*
　　　2.5.2　いろいろな考え方を試そう　【データの分析】　*59*
　　　2.5.3　考察で検討する4つの条件　【考察で注意すべき点①】　*61*
　　　2.5.4　結果が予想どおりではなかったら　【考察で注意すべき点②】　*63*
　　　ルールチェック　結果のズレはなぜ起こる？　*64*
　2.6　研究を発表しよう ────────────────── *67*
　　　2.6.1　なぜ発表しなくてはいけないのか？　*67*
　　　2.6.2　こんなアイデアを見つけたよ　【発表する理由①】　*67*
　　　2.6.3　わかりやすく伝える練習を　【発表する理由②】　*69*
　　　2.6.4　みんなはどう思う？　【発表する理由③】　*70*
　　　ルールチェック　発表をするとき・聞くときのルール　*73*

第3章　ケーススタディ　どうしてだめなの？　　**75**

1　自分に都合のよいようにデータを書きかえた… ─────── *76*
2　いつもよい結果がでる人気者の正体は… ───────── *79*
3　同じことをしている人の結果を借りた… ────── *82*
4　結論に合うようにデータを考えた… ──────── *85*
5　同じ発表を何回もしている… *88*
6　研究記録を見ても同じことができない… *90*
7　データは結果と矛盾するけれど… ──────── *93*
8　わざと間違えたんじゃない… *96*

9	成果がぼくのものじゃないって…	*99*
10	その研究は道義に反している…	*102*
11	友だちとまったく同じ研究テーマだけど…	*105*

第4章 シミュレーション あなたならどうする？　109

1	必要なことを記録していなかった！	*110*
2	そこまで言えるの？	*111*
3	インターネットで見た研究をやってみた！	*112*
4	どうやってそれが正しいと決めたの？	*113*
5	はかり方を間違えてしまった！	*114*
6	研究仲間に頼まれて困った！	*116*
7	成功と倫理のどちらをとる？	*118*
8	機械が出したデータは正しいはず！	*119*
9	本当の理由は何なのか？	*121*
10	コピー＆ペーストはどこまで許される？	*123*
11	SNSに画像をアップロードした！	*124*

解説「あなたならどうする？」　*126*

第5章 研究者への道　133

5.1	学校の授業と研究のルール	*134*
5.2	広い興味関心をもつ	*137*
5.3	社会のなかの科学者の役割	*140*
	5.3.1 科学者の役割　*140*	
	5.3.2 新たな科学的知識の創造　*141*	
	5.3.3 知識や経験を社会全体のために役立てる　*142*	
	5.3.4 社会のために科学的な助言をする　*144*	
	5.3.5 プロフェッショナルとアマチュア　*146*	
	5.3.6 学問への責任　*147*	

コラム 統計からみる進路と進学 リケジョは本当に少ないの？　*149*
付録 あなたの研究チェックリスト　*153*
おわりに　*157*

序章

ルールを守って楽しく研究！

今日も実験や観察をがんばるぞ！……でも，何をしようか？

利香さんみたいになりたいけど，女性が研究者としてやっていくのはたいへんなのかしら……

学校の勉強と学問としての科学の違いをみんなに知ってほしいわ。

科学 倫太郎
（中学1年生）
科学大好き，研究大好き。将来は科学研究の仕事をしたい。だけど，どうすればよいかわからない。

科学 理子
（高校3年生）
倫太郎の姉。しっかり者。文系科目も得意なので，最近は進路に悩んでいる。

化学 利香
（大学の研究者）
科学姉弟の親せき。大学で化学の研究をしている。いろいろな研究にくわしい。

この本に登場する人たち

1 「スゴイ研究がしたい！」

　ぼくは、科学倫太郎。科学が大好きな中学1年生だ。おこづかいを研究費にして、今までいろいろな研究をやってきた。たとえば、ザリガニの好き嫌いや、ダンゴムシの好き嫌い、カタツムリの好き嫌い……あれ？　好き嫌いばっかりだな。

　そんなことより、ぼくは今、インターネットで、スゴイ研究論文を見つけた。

　その研究は、アントシアニン[★1]で水の硬度を測定する実験だった。水には「硬度」という指標がある。硬度が高い水は、セッケンが泡立たないし、紅茶がおいしいなどの特徴がある。硬度は普通、専用の薬品をつかって調べるんだけど、ムラサキキャベツの葉から取り出すことができるアントシアニンで調べることができるという。

　テレビで「ヨーロッパではセッケンが泡立たないから合成洗剤が開発された」という話を聞いて以来、ぼくは水の硬度に興味があった。でも、ぼくの研究費では薬品を買うことができないので、あきらめていたんだ。こんな簡単な方法で、水の硬度を調べることができるなんて！　ぼくはさっそくやってみようと準備を始めた。

利香　倫太郎くん。冷蔵庫を開けて何やってるの？

　すると、利香さんが、ぼくに声をかけてきた。利香さんは、化学利香といって、母さんの妹だ。大学で研究者をやっていて、ぼくによく研究の話を聞かせてくれる。利香さんの話はわかりやすくて、おもしろい。ぼくは利香さんのような研究者になりたいんだ。

倫太郎　利香さん。ムラサキキャベツを探しているんだ。

利香　どうしたの、急に。

★1　アントシアニンは、ブルーベリーやムラサキキャベツなどの植物にふくまれている色素で、水溶液の液性（酸性・中性・アルカリ性）によって、赤色、赤紫色、紫色、青色、緑色、黄色などに色が変化します。

倫太郎　じつは……

　ぼくが説明すると，利香さんは興味津々で話を聞いてくれた。

利香　水の硬度を調べるなんて，おもしろそうな研究じゃない！

倫太郎　そうでしょ！　このホームページに載っているのと同じミネラルウォーターを買って，ぼくも調べてみようと思う。

利香　えっ？　なんのために？

倫太郎　だって，夏休みの自由研究にピッタリでしょ。いろいろな水を探すのはたいへんだし，うまくいくかどうかわからないけど，これなら結果もわかっているからね。論文になるような研究を，中学生のぼくがするんだからスゴイよね。

　得意げに言ったぼくを見た利香さんは，急にまじめな表情になると，ぼくの顔をのぞき込んで言った。

利香　倫太郎くん。あなたがスゴイ研究がしたいのはよくわかるわ。でも，**研究にもルールがあるのよ**。それは守らなくてはダメ。

倫太郎　研究のルール？

　ぼくは初めて聞いた言葉にとまどって聞きかえした。すると，利香さんは，まじめな顔をやめて，ニッコリと笑った。

利香　そうよ。スポーツと同じように研究にもルールがあるの。みんなが大事にしているルールだから，倫太郎くんも守らなきゃね？

倫太郎　研究のルールなんて，初めて聞いたよ。

　ぼくがそう言うと，利香さんは腕を組んで不思議そうに首をひねった。

利香　……そうかあ。確かに学校では教わらないかもねえ。……うん。じゃあ，いい機会だから，いっしょに研究のルールを確認しましょう！

2 研究にもルールがある

利香 研究のルールとして,『米国科学アカデミー』というアメリカの科学者たちの集まりが,**正直,公正,客観性,寛大,信頼,他人への尊敬の念,**という6つのルールをまとめたのよ。

　利香さんは,指を折って数えながら教えてくれたけど,今ひとつピンとこなかった。利香さんは,ぼくの顔をチラッと見て,ニッコリと笑った。

利香 このルールをもとにして,私たちが研究をするときの基本になる精神をまとめてみるわね。

■ 基本精神

① ウソをついてはいけない
ウソは研究そのものを否定する行為です。何があってもウソをついてはいけません。

　新しい研究は,誰も考えたことのないことをおこないますから,その結果は多くの人が驚くことがよくあります。誰も考えたことがないのですから,ウソをついてもしばらくはバレないかもしれません。しかし,ウソには再現可能性(何度も繰り返し同じことができる)がありませんから,いずれはバレます。研究では,絶対にウソをついてはいけません。

② 自分自身で確かめる
研究でウソと本当を見分けにくいときは,自分自身で確かめましょう。

　研究では,簡単には信じられない結果が出ることがあります。ノーベル賞を受賞するのはそうした研究です。それが本当かどうかを知りたければ,自分で試して確認するのです。科学研究は,そうやって多くの研究者によって検討され,「本当」とされるものが生き残ります。

③ 誰にでも理解でき,再現できる
あなたの研究の結論は,「あなたがどう考えているか」ではなく,「客観的な証拠」によって,誰にでも確かめることができる形で証明され

> なければいけません。

　科学研究は，同じ方法を使えば，いつでも，どこでも，誰でも同じ結果が出るものでなければなりません。研究成果は，自分以外の人でも理解でき，再現できる必要があります。なぜなら，誰かがあなたの成果を発展させてくれるかもしれないからです。逆に，あなたが知りたいことを誰かの研究で確かめることもできるかもしれないからです。科学は，このように研究者どうしが互いに助け合うことで発展してきました。だから，あなたの研究は，客観的な証拠によって，誰にでも確かめることができ，かつ誰もが理解できる形で証明しなければならないのです。

④ 公正な態度をとる

> あなたは，自分のことだけを考えるのではなく，公正に行動しなければいけません。

　研究を始めるときには，「こうなるだろう」「こうなってほしい」という予想や願望があるでしょう。しかし，結果が予想や願望と異なっても書き換えるなどの不正をしては絶対にいけません。その結果を信じた他の人に迷惑をかけます。逆の立場になっても同じです。科学は，研究に関わる人どうしが信頼し合うことが前提で成り立っています。

　自分の利益や満足のためだけに行動するのではなく，科学の発展のためにどうするかという視点で考えていく必要があります。研究仲間や研究仲間の成果を大切にし，ともに切磋琢磨しあえるような関係を築いていきましょう。

⑤ そのアイデアはどこから来たのかを考える

> あなたのアイデアのもとになった先人や研究仲間の努力にはつねに敬意を払わなくてはなりません。

　あなたが，新たに思いついたことは，誰かの成果の上に成り立っています。科学は，多くの研究者によって積み上げられて進歩してきたものなのです。ですから，あなたの前の研究者が何を明らかにしてきたかを知り，それに対して尊敬の念をもたなければなりません。あなたのアイデアは，誰の研究に続くものなのでしょうか。

※

倫太郎 この基本となる精神を守らないとどうなるの？

　ぼくがたずねると，利香さんはため息をつきながらこう言った。

利香 新聞やテレビでもときどき報道されるけど，大きな問題につながってしまうのよ。**研究不正**って聞いたことある？

倫太郎 不正？　研究の？

利香 そう。科学の信用性を一気になくしてしまう深刻な問題なの。研究不正の主なものとして，次の3つがあるわ。これからの話にときどき出てくるから，頭に入れておいて。

■ 研究不正行為

(a) ねつ造
ねつ造とは，存在しないデータや研究結果などをつくることです。

　完全なウソですから，見抜くのは比較的簡単です。大事なデータを取っていなかったときなどにやってしまう不正行為です。

(b) 改ざん
得られた結果を書き換えたり，一部だけを取り出すことです。

　事実とウソが混ざっているため見抜くのが難しくなりますが，事実も含めてすべてウソだと判断されてしまいます。「このデータのここがあれば（なければ）よいのに」というときにしてしまう不正行為です。

(c) 盗用
ほかの研究者のアイデアや方法などを，その人に黙って使うことです。

　その研究にくわしい人が見れば，すぐに見抜かれます。インターネットで見かけてよいと思ったなどの軽い気持ちでしてしまう不正行為です。

3 ルールを守って新しい研究をするには

倫太郎 基本精神って，どれもあたりまえのことじゃない？

道徳の授業で似たことを学んだのを思い出しながら，ぼくは言った。

利香 そうね。でも，倫太郎くんは，さっき他人の研究結果をそのまま自分の自由研究として提出しようとしていたじゃない？ あれはこのルールを破ることにはならないかしら？

倫太郎 そうか……

確かにぼくは，他人の結果をまねようとしていた。これは，研究のルールでいうと，「⑤そのアイデアはどこから来たのかを考える」のルールを守っていないことになる。

倫太郎 でも，利香さんだって，誰かの研究を参考にしてるってよく言うよ。それとは，どう違うの？

利香さんは研究を進めるときに，ほかの人の研究をよく調べていることを，ぼくは知っている。うちに来たときも，英語の論文をいくつももってきて，時間があると読んでいる。机の上に並べられている，付せんと色ペンでビッシリ書きまれた論文を横目に，ぼくはそう聞いてみた。

利香 いいところに気がついたわね。私たち科学者も他人の研究を「いいな」と思うことはある。そのときには，「研究を一緒にやりませんか」と本人にお願いするか，「この人の研究を参考にしました」ということをハッキリと書いて，その人の研究とは違う部分で研究を進めるようにするの。そうすることによって，私の研究はうまくいくし，参考にした人の研究を発展させることにもなるわ。みんなハッピーでしょ？

利香さんは，ニッコリ笑った。

倫太郎 ……でも，ぼくは，このアントシアニンの研究をやってみたいんだ。どうすればルール違反にならないの？

利香 違う水の硬度を調べればいいのよ。家の水道，近くの川，学校の

池，そして海とか。方法は参考にしながら，自分で見つけた水について調べれば，それは倫太郎くんの研究といえるわ。もちろん，元の研究を参考にしたことをハッキリ書かなければだめよ。

倫太郎　でも，うまくいかないかもしれない…

　ぼくは少し弱気になっていた。だって，水の硬度の研究なんてやったことがない。うまくいかなかったらムダになってしまうかもしれない。

利香　そうね。でも，その研究をした人は，同じようにうまくいかないことをたくさんして，研究をまとめたの。横取りするのはよくないわ。

倫太郎　もし，どうしてもうまくいかなくて，ぼくがこの人と同じ水の硬度を調べて自由研究レポートを書いたらどうなるかな？　だって，みんなは論文なんて読まないから気づかないよ。

利香　……

　利香さんは，だまってぼくをじっと見つめた。

倫太郎　でも！　そういう人もたくさんいるでしょ？

　やや早口で，まくし立てたぼくに，利香さんはゆっくりと口を開いた。

利香　倫太郎くん。答えがわかっていることをするのは安心よ。でも，研究というのは，答えがわからないものなの。わからないからこそ研究して，答えを明らかにするの。だから，研究が簡単に進まないのは当然だわ。だからこそ，うまくいったときはうれしいし，私の研究を「スゴイ！」といって使ってくれる人がいれば，がんばってよかったと思えるのよ。

　利香さんは，真剣な表情で，ぼくの目をのぞき込んだ。

利香　ルールを破れば結果は出るわ。でも，倫太郎くんが望む「結果」ってそういうものなの？　なぜ倫太郎くんは研究がうまくいってほしいの？

倫太郎　えーと，それは……

利香　それじゃあ，研究のルールを学ぶ前に，まず研究とは何なのかについて考えていきましょうよ！

　利香さんはパッと笑顔になって，そう言った。

第1章

なんといっても目的が大事です！

ぼくは，科学倫太郎。科学が大好きな中学校1年生だ。ある日，ぼくは，とても興味がある科学研究についてまとめた論文があることを知った。「この研究をやってみたい！」と思ったぼくは，その研究とまったく同じことをやろうと考えた。研究の準備をしていると，研究者の化学利香さんに「それは研究のルール違反よ」と指摘された。納得していないぼくを見て，利香さんは，研究のルールを考える前に，まず研究とは何なのかを考えたほうがよいと言った。

1.1 どうして研究をするのだろう？

▶ 1.1.1 研究をするのは楽しいから？

　ぼく，科学倫太郎と，研究者をしている化学利香さんはリビングに移動して，話をすることになった。ぼくは，いったん部屋にもどって記録用のノートとペンをもってきた。話を聞いたときにメモをすることが大事だと，いつも利香さんが言っているからだ。リビングで向かい合って座ると，利香さんが口を開いた。

利香　研究のルールについて考える前に，研究について考えてみるわね。それじゃあ，まず，倫太郎くんは，どうして研究をするの？

倫太郎　ぼくが研究をするのは，実験や観察が楽しいからかな。

利香　実験や観察が楽しいのは大事なことよね。じゃあ，楽しいと思って始めたけど，研究が思ったとおりにいかなかったり，とても地味で時間がかかったり，難しくていろいろなことを調べなければならなかったら，どうかしら？　そういう研究は楽しい？

　思ったとおりにいかないなんて楽しくないし，時間がかかって結果が出なかったらイヤだし，いろいろなことを調べるのはたいへんだ。ぼくは正直に答えた。

倫太郎　えー。あんまり楽しくないかなあ。そういう研究はすぐにやめると思う。

　利香さんは，ぼくの答えを聞くと，少し困ったようなしぐさを見せた。

利香　別の考え方をしてみましょうか。実験や観察をして楽しいのは，どんなときかしら？

　楽しいときか……，ぼくは，これまでの研究について思い出してみた。

倫太郎　あれ？　どんなときが楽しいんだろう？　とにかく実験や観察をしているときは楽しいんだ。

利香　それじゃあ，研究で苦手なことは何かしら？

倫太郎　思ったとおりにいかないときと，結果をまとめることだね。実

　　験や観察をするのは楽しいんだけど，思った通りにいかないときはどうすればいいかわからないし，結果をまとめるのは面倒だと思う。

　ぼくの答えを聞いて，利香さんは，考えこんでしまった。そこで，ぼくは利香さんに聞いてみることにした。

倫太郎　利香さんは，どうして研究をしているの？

利香　私が研究をするのは知りたいから。なぜそうなるのだろうという疑問の答えを知りたいの。

　利香さんは，パッと目を輝かせた。研究の話をしているときの利香さんは，いつも生き生きしている。本当に研究が好きなんだなあ。

利香　自然はとても複雑な世界よ。私たちは，自然について何も知らない。だから，研究者は少しでも自然について知りたいと思うし，知るために研究をしているのよ。

倫太郎　それって，思ったとおりにいく？

　ぼくは，メモをとりながら，ふと思いついて利香さんに聞いた。利香さんは，ぼくの質問に少し驚いた顔をしたけど，すぐに微笑んだ。

利香　ほとんどは思ったとおりにならないわね。

倫太郎　そんなときは時間がかかる？

利香　何年も実験や観察を続けて，初めて成果につながることは普通ね。

倫太郎　難しくて，いろんなことを調べないといけない？

利香　研究を進めるためには，いろいろなことを調べなければならない

17

1.1 どうして研究をするのだろう？

し，専門外でも学ばなければならないことは多くて，難しいわね。

そうだ。これはすべて，利香さんが，さっきぼくに聞いたことだ。

倫太郎　じゃあ，研究ってたいへんだし，つらいんじゃない？

利香　そうね。何年も試行錯誤し続けるのは，とてもたいへんだわ。

たいへんと言いながら，利香さんは笑顔だ。ぼくは，メモをとる手を止めて，最後に利香さんにいちばん聞いてみたいことを質問した。

倫太郎　それって楽しい？

利香　ええ！　とても楽しいわ。

利香さんは，笑顔で答えた。ぼくがイヤなことを利香さんは楽しんでいる。利香さんとぼくは，何が違うんだろう？

倫太郎　どうして楽しいの？

利香　実験や観察はもちろん楽しいわ。でも，研究の楽しさは，それだけじゃないの。簡単に言うと，たいへんだったり，面倒だったりしても，その先にある「**ナゾを解く**」ことが，楽しいのよ。

利香さんは言葉を続けた。

利香　努力をすることで，世界の誰も解けないナゾを解くことができるわ。それってすごく楽しいと思わないかしら？

倫太郎　でも，ナゾが解けなかったらどうするの？

誰にも解けないナゾが解けるなら，楽しいかもしれない。でも，解けなかったら，その努力はムダになってしまうんじゃないだろうか。

利香　今度は「ナゾが解けない」というナゾが見つかったじゃない。

利香さんはニッコリと笑った。

利香　ものごとは考え方しだいなのよ。簡単にあきらめずに別のやり方を考えて研究を続けることで，誰も考えつかなかったやり方でナゾ

を解くことができるの。だから，簡単にナゾが解けなくても「なぜそうなるのだろう」という疑問をもち続けることが大事ね。

　利香さんの言っていることはわかるけど，ぼくのような子どもにはできないんじゃないだろうか。ぼくの表情を見つめた利香さんは，少しだけ首をかしげて，人差し指をほおに添えた。

▶ 1.1.2　たいへんだからこそ楽しい？

利香　たとえば，理子さんはピアノを習っているわよね？
倫太郎　えっ！？　う，うん。習っているよ。

　科学理子は，ぼくのお姉ちゃん。高校3年生だ。お姉ちゃんは，ぼくと同じで研究大好きなんだけど，大学受験に向けて塾通いの毎日がたいへんらしく，最近は研究をしているところを見かけない。ピアノは幼稚園から習っていて，コンクールにも何度か出たことがある。でも，どうして，急にお姉ちゃんの話が？

利香　理子さんは，ピアノを楽しんでいると思う？
倫太郎　たぶんね。コンクールが終わったあとは「スッゴク楽しい」って言ってるし。
利香　でも，練習はたいへんでしょ？
倫太郎　そうだね。いつも「練習たいへんだー」って言ってる。
利香　理子さんは，コンクールで優勝できる？
倫太郎　いいところまでは行くけど，全国大会ではもうちょっとだね。
利香　倫太郎くんの考え方でいえば，理子さんはたいへんな思いをしても，結果が出せてないわよね。それでも理子さんはたいへんな練習を続けている。どうしてだと思う？

　お姉ちゃんのピアノの練習は，いつもたいへんそうだ。何度も何度も同じフレーズを練習したり，新しい練習方法を考えたりして，よい演奏ができるように努力している。でも，お姉ちゃんは大きな大会で優勝したことはない。それでもお姉ちゃんは，練習をしてコンクールに出ている。たいへんだし，面倒だし，結果が出ないことも多いのに，お姉ちゃ

1.1 どうして研究をするのだろう？

んはあきらめていない。

倫太郎 ほんとだ。お姉ちゃんのピアノの練習の話と，研究の話は同じだ。

利香 ね！　**何かをやりとげたいという目的**をしっかりともっていれば，たいへんさの向こうにある楽しさに向けてがんばることができるし，たいへんなことも「楽しい」のよ。でも，やりとげたい目的がないと，目の前の「楽しい」だけで終わってしまって，たいへんさの先にある，本当の「楽しい」は見えないわ。

　ぼくは，さっきの水の硬度の研究の話を思い出した。ぼくは，目の前の楽しいところだけをやろうとして，他人の論文と同じことをしようとした。これはメモしておいたほうがよさそうだ。

利香 研究でいちばん大事なことは，「なぜそうなるのだろう」という目的なの。実験や観察は楽しいわ。でも，どうして実験や観察をするのかを考えるのが研究なのよ。

　利香さんは，とてもまじめな表情で，ぼくの目をのぞきこんだ。

利香 たいへんだけど楽しいって，矛盾して聞こえるかしら。でも，理子さんのピアノのように，好きだからこそ努力できるし，努力してナゾを解くから楽しいのよ。倫太郎くんが研究をしたいなら，これだけは忘れないで。楽しいことは大事だけど，楽しいだけでたいへんなことはしたくないなら，それは研究じゃなくて遊びだわ。

　利香さんが，ぼくの身のまわりの水を調べるようにすすめたのは，これも理由だったんだろうな。利香さんにとってはあたりまえすぎて言わないんだろうけど，ぼくにとっては大事なことだ。忘れないようにメモをとろう。

倫太郎 「目的をもっているからこそ，たいへんさも楽しめる」かあ。そんなこと考えたことなかったなあ。だって，お姉ちゃんはピアノを弾くとき文句ばっかりで，しっかりした目的があるようには……

　ぼくが言いかけたところで，利香さんが目を見開いて，こちらを見た。あ，これは何かマズいことが起こりそう……

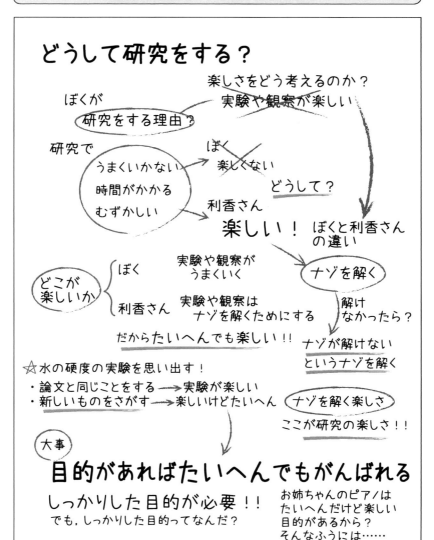

1.2 研究の目的って何だろう？

▶ 1.2.1 研究では目的をハッキリさせることが必要！

理子 ほほう。なるほどねえ。倫太郎は私をそんなふうに見てたのね。

突然，ぼくの後ろから，とても優しげな声が聞こえた。マズイ。気づかないうちにお姉ちゃんが帰ってきたようだ。ぼくが急いで振り返ると，制服姿のお姉ちゃんがいた。お姉ちゃんはニコニコ笑っているように見えるけど，目が怖い。

理子 倫太郎の研究の問題点は目的がないこと！　目的に向かって努力している私に意見するのは百年早い！

お姉ちゃんは，ビシッとぼくを指さした。しっかりした目的が必要ということは利香さんも言っていた。でも，目的がないってどういうこと？

利香 理子さん。早かったわね。

理子 今日は受験の面談だけだから。

利香 調子はどう？

理子 まあまあ，かな。先生は，私の志望の理学部より，偏差値が高い経済学部のほうが将来のためにいいってうるさくて。

倫太郎 お姉ちゃん！　ぼくの研究に目的がないってどういうこと？

利香さんとお姉ちゃんは，受験の話を始めてしまいそうだ。ぼくの相談が忘れられそうだったので，ぼくはお姉ちゃんに話しかけた。

理子 じゃあ，倫太郎の研究の目的って何？

倫太郎 ぼくの研究の目的は，実験や観察をして，新しい発見をすることだよ。

理子 ずいぶんとあいまいね。具体的には？

倫太郎 具体的……そうだな，この間はザリガニの好き嫌いを調べることを目的にして研究したよ。

お姉ちゃんは，優しげな笑顔だったけど，

22

目は笑っていなかった。マズイ。これは，さっきのことを根にもっているぞ。

理子　ふうん。で，ザリガニは，どうして好きなものと嫌いなものがあるの？

倫太郎　えっ!?

　お姉ちゃんの何気ないひと言にぼくは驚いた。ぼくはいろいろな食べものをザリガニにあげて，よく食べるかどうかを調べた。だから，食べるものと食べないものはわかったんだ。好き嫌いを調べるのだからそれでいいと思ったけど，どうして好き嫌いがあるかなんて考えなかったな……

理子　じゃあ，ザリガニは好きなものを，どうやって決めているの？　色？　におい？　それとも触覚？　ほかの原因はない？　たとえば栄養は？

　お姉ちゃんは次々と質問してくる。色やにおいか……。ザリガニは食べものをどうやって区別するんだろう。それは好き嫌いに関係しそうだ。

理子　ザリガニが食べるものと食べないものを調べて，食べるかどうか以外には何がわかったの？

倫太郎　え……えっと……

　ぼくはザリガニの好き嫌いが知りたかっただけだった。どう答えていいか，ぼくにはわからなかった。

理子　倫太郎のは目的じゃなくて好奇心。ザリガニの好き嫌いにどんなナゾを見つけたのか，それをどうやって解明するのかという目的が決まってないから，ただ食べるか食べないかという現象で満足してしまっているのよ！

　お姉ちゃんは，もう一度，ビシッとぼくを指さした。

理子　私がピアノを練習しているのは，うまくなりたいから。コンクールに出るのは，自分の演奏を客観的に評価してほしいから。優勝はできないけど，前と比べてうまくなったのかどうかわかるわ。そうやって少しずつ進歩して，先生みたいにすばらしい演奏ができるよ

うになりたいという目的があるの。だから，努力を続けることができる。研究も同じように目的をもってやってるわ。倫太郎はどうなの？ あんたのは楽しいだけの遊びと，どう違うの？

　お姉ちゃんはしっかり者で，ぼくにはとても厳しい。それにしても，ちょっと厳しすぎじゃない？ ぼくはちょっと涙目になった。

利香　まあまあ，理子さん。倫太郎くんは，がんばっている理子さんがうらやましかっただけなんだから。

　利香さんが，やんわりとお姉ちゃんを止めてくれた。お姉ちゃんは，言うだけ言ってスッキリしたようだ。やれやれという感じで，肩をすくめて，自分の部屋に向かった。利香さんは，お姉ちゃんが行くのを見送ると，ぼくに向き直った。

利香　倫太郎くん。もちろん好奇心は研究においてとても大事よ。ただ，目的をハッキリさせておかないと，研究がまとまらなくなって，そこで終わってしまうわ。

▶ *1.2.2* 何を調べればいいのだろう？

　利香さんは，ちょっと考えるように天井を向いたあと，ぼくの目を見て話し始めた。

利香　ザリガニの好き嫌いで考えてみましょうか。ザリガニはスルメが好きだった？

倫太郎　うん！ ザリガニはスルメが好きだったよ！

利香　じゃあ，ザリガニは，どうしてスルメが好きなのかしら？

倫太郎　えっ!? どうしてかなあ。

利香　スルメのにおい？ 色？ 魚介類だから？ 食べやすいから？ スルメを食べることは，ザリガニにとってどういった影響があるのかしら？ それは，ほかの「ザリガニが好きなもの」と比べて何が違うのかしら？ ザリガニは雑食だと聞くけれど，脱皮をするから殻を作るための栄養が必要よね……だとすると，カルシウム？ スルメにカルシウムはどれくらい含まれていたかしら？

利香さんは，のばした人差し指をくちびるに当てて，宙を見ながら次々と疑問を挙げた。どうしてそんなに思いつくんだろう？　ぼくがどう答えようかを考えていると，利香さんはふとわれに返ったように，ぼくの方を見て微笑んだ。

利香　どうかしら？　たったひとつのエサについても，いろいろな疑問があるでしょう？

倫太郎　うーん。たくさんあって，どれを考えればいいのかわかんないや。

　利香さんは，ぼくの言葉にうなずいた。

▶ 1.2.3　目的を決めないと……

利香　そうよね。それが目的を決めないと起こってしまう問題よ。やるべきことが決まっていないので，やることがどんどんふえてしまうし，調べたことをまとめるのもできなくなってしまうわ。

倫太郎　データはたくさんあるほうがいいんじゃないの？

利香　たとえば，スルメはにおい，にぼしは大きさ，水草は色みたいに，そのとき思いついたことを調べたらどうなるかしら？　データはたくさんあっても，においと大きさじゃ，比べようがないでしょ。

倫太郎　そうか。**何を調べたいのかを決めておかないと，比べることができなくなっちゃうんだね。**

　ぼくは，メモを見ながら考えを整理した。好奇心は大事だけど，好奇心だけでいろいろなことをやっているとデータがバラバラになってしまう。だから，どんなデータを取るべきなのか，目的を決めておかなくてはならないのか。ぼくは，そのときふと思ったことを口に出した。

倫太郎　うーん。目的が大事なことはわかったけど，その目的ってどうやって決めるんだろう？

1.3 研究目的はどうやって決めるの？

▶ 1.3.1 ゴールを決めるとやるべきことが見えてくる

利香 じゃあ，目的ついて考えてみましょうか。

　利香さんは，自分のノートを開いた。利香さんは，よくノートを使って，言葉だけでは伝わりにくいイメージをまとめてくれるんd。そんな利香さんの口ぐせは「イメージすることが大事」だ。

利香 研究の目的を考えるとき，私はこんなふうに考えているわ。

　利香さんはノートにペンを走らせた。

目的を決めて研究を始める

① **好奇心**：大きく調べたい方向性を決める。「あなたの興味があるものは何？」

② **目的**：調べたいことを明確化する。「具体的にどんなことに興味がある？」

③ **仮説**：原因を考える。「あなたの興味があるものは『なぜそうなる』？」

④ **計画**：調べる方法を考える。「どうやって調べる？」

利香 順番に見ていきましょう。研究の始まりは好奇心だというのは，私たちも同じよ。でも，さっきも言ったように，ボンヤリしたままだと研究をうまく進めることができないから，**ハッキリとしたゴール**を決めるの。

倫太郎 ゴール？

利香 そう。「これを達成する」というゴールよ。これが目的よ。たとえば，ザリガニの好き嫌いなら，こんな感じかしら。

　利香さんは，好奇心と目的に，具体的な内容を，それぞれ書き足した。

> 好奇心：ザリガニが好きなものと嫌いなものは何か？
> 目的1：「ザリガニは好きなものをどうやって決めているのか？」
> 目的2：「ザリガニはどうしてそれが好きなのか？」

利香　どうかしら？　目的でやることがハッキリしたでしょう？
倫太郎　うん！　タイトルを見ただけで，やることがわかるよ！

　ぼくは，勢いよくうなずいた。なるほど！　目的を決めるっていうのは，こういうことなんだ。ぼくは，ザリガニが食べないものを知りたかったわけじゃない。ザリガニの好きな食べ物と好きな理由が知りたかったんだ！　だから，「どうして好きか」を目的にすれば，やることがハッキリする。

倫太郎　ザリガニの好きなものを中心に調べて，どうして好きかを調べればよかったんだ。

　そうか。目的をハッキリ決めずに好奇心で「好き嫌い」を調べただけだったから，あいまいになってしまったんだ。

利香　たとえば，色，におい，大きさそれぞれについて，ザリガニが食べものに気づく時間や食べる速さを比べてみれば，ザリガニが食べものの何に注目しているのかを調べることができるでしょうね。

　利香さんは，簡単に研究の方向性を説明してくれた。そうだ。確かに目的がハッキリしていると，次に何をやるのか考えやすい。

利香　こんなふうに**目的を明確にしておくと，自分がやるべきことがハッキリするわ**。これをもとにして，予想や計画を立てていくことになるけど，それはまたあとで考えましょう。いずれにしても，ゴールがしっかりと見えていれば，やることは決まってくるから難しくはないわ。目的をハッキリさせる大事さはわかったかしら？

　ぼくは，メモを見ながら，利香さんの話を整理してみた。うーん，ちょっと待て……，大きな疑問があるぞ。

▶ 1.3.2 途中で別のアイデアを思いついたら

倫太郎 利香さん。目的が大事なことはわかったんだけど，研究の途中で新しくやりたいアイデアを思いついたときはどうすればいいの？
　ぼくは研究の途中で，あれもやりたいこれもやりたいと，どんどんやりたいことが増えてしまう。いつもお姉ちゃんに「あなたの研究は散らかりすぎ！」と注意されるけど，どうすればいいんだろう？

利香 何か新しいことをやりたいと思ったときには，もう一度，目的を見直すことが大事ね。目的から外れていかないように注意しないとダメよ。

倫太郎 やりたいことが目的から外れていたときは，どうすればいいの？
　ぼくは不安になったが，利香さんは相変わらず笑顔のままだった。

利香 一度研究の手を止めて，どれを進めるべきか，**優先順位**を考えるのが大事ね。もしかしたら，新しいアイデアのほうがよい研究かもしれないし。

倫太郎 優先順位なんて，決められるかなあ……

利香 とても大事な判断だから，私なら，時間をとって，研究に必要な期間や条件も考えて，できることとできないことを整理してから決めるわ。優先順位が決まったら，お休みする研究は，次の研究の目的，つまり「**研究の種**」として，ノートに記録しておくといいわね。新しい研究の種が見つかったなんて，とてもすてきなことだわ。

倫太郎 なるほど。研究の種か。なんだかワクワクするね。
　さっきまでの不安はどこかに行き，ぼくは利香さんと同じように笑顔になった。研究から新しい研究の種が見つかったと考えればいいのか。なるほどなあ。ぼくが納得していると，お姉ちゃんがもどってきた。

理子 倫太郎は，優先順位をつけないで，どんどんやることを増やすから，どれも中途半端になって，うまくまとまらなかったのよ。
　機嫌は直ったのかと思ったら，相変わらず厳しいや。でも確かに，ぼ

くの研究はいつもあれもこれもと広がっていって，最後にどうすればいいかわからなくなることが多かった。その理由がわかった気がする。

倫太郎　研究の目的をどうやって決めるのかはわかったけど，よい研究テーマを見つけるにはどうすればいいんだろう？

理子　あ，それは，私も興味あるな。

利香　じゃあ，次はそれを考えてみましょうか。

ぼくのメモ

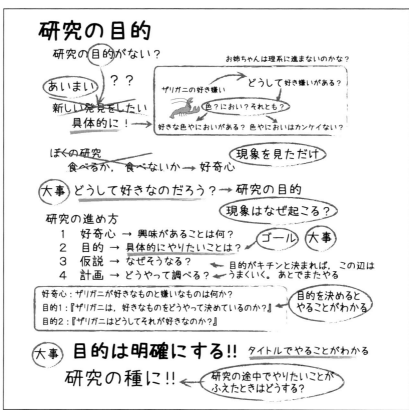

1.4 よい研究テーマを見つけるには？

▶ 1.4.1 原理や法則と矛盾しない !?

理子 利香さん。**よい研究テーマ**って，どうすれば見つかるの？

お姉ちゃんはぼくのとなりに座ると，利香さんのほうに身を乗り出した。

利香 私たちにとってよい研究というのは，「**誰も考えたことがなく，かつ，今まで私たちが知っている原理や法則と矛盾しない，できるだけ具体的な新しいアイデア**」ね。

倫太郎 今まで知られている原理や法則？

利香 たとえば，倫太郎くんがビー玉を肩の高さから落としたら，地面に向かって落ちるわよね。これはビー玉と地球の間に引力が働いているからでしょ？　これが今までに知られている原理や法則よ。

理子 じゃあ，地動説とか，進化論とか，そういうのも原理や法則ってこと？

お姉ちゃんが，利香さんに聞いた。

利香 そう。多くの研究者によって確かめられて，現段階では「正しい」と考えられているものよ。研究の目的は，この原理や法則とは大きく矛盾しない形で考えるほうがいいわね。

倫太郎 でも，地動説って，当時の原理や法則と矛盾してたんじゃないの？

ガリレオの本にそう書いてあったので，ぼくは利香さんに聞いてみた。

利香 確かに科学が未成熟な時代には，そういうこともあったわ。でも，科学者は，そうした時代から少しずつ知識や経験を積み重ねて，間違いを減らしてきたの。地動説のように，現代の原理や法則が大きく変わる日も来るでしょうけれど，まずは私たちの研究成果を信じてほしいわね。

利香さんは，ちょっと考えてから付け足した。

利香　もし，今まで知られている原理や法則との矛盾が見つかったと思ったときは，いつもより慎重に調べ直さなくてはいけないの。多くの研究者が正しいと考えていることが間違っていることを証明するためには，ふだんよりもたくさんのデータが必要になるからよ。もう一度研究をしてみて，間違いないことを確認するべきね。

理子　それって，利香さんがいつも言っている「手を動かす」ってやつよね！

▶ 1.4.2　ほかの人がやってみたくなる具体的なアイデア

理子　じゃあ，次の質問！　原理や法則と矛盾しないのはいいとして，できるだけ具体的で新しいって，どういうこと？

お姉ちゃんが，質問した。

利香　たとえば，「ビタミンCは，ヨウ素溶液を透明にする力があるので，ヨウ素溶液にビタミンCを入れると，ヨウ素の茶褐色が消えて無

色になる」だと，その現象は説明してるけど，ほかの反応に使うことはできないわ。

利香さんは少し考えてから説明を続けた。

利香 これを「ビタミンCとヨウ素は酸化還元反応するので，ビタミンCによってヨウ素は還元されてヨウ化物イオンになる。ヨウ化物イオンは無色なので，茶褐色が消えて無色になる」と説明することができれば，ほかの酸化還元反応にも，この考え方を使えるでしょう。こんなふうに，できるだけ普遍的で具体的な新しいアイデアを提案できるのが，よい研究ね。

理子 なるほど。自分の研究だけじゃなくて，ほかの研究にも貢献できるのが，よい研究ってことね。

お姉ちゃんは，いつの間にか用意していたノートにメモをとっていた。さすがお姉ちゃん。しっかり者だ。

利香 これは，私たち研究者の場合だけど，倫太郎くんや理子さんだと……そうね，「みんなが，ついやってみたくなる新しいアイデア」という感じかしらね。

理子 新しいアイデアをいろんな人が試すようになって，また新しいアイデアが見つかったら，研究はどんどん広がっていくね。私の研究がそんなふうになったらスゴいなあ。

お姉ちゃんは楽しそうに言った。ぼくの研究もそんなふうになったらいいなあ。

利香 そういう「最初の人」になれたら，これ以上光栄なことはないわね。科学者の世界では，そういった人への最高の名誉がノーベル賞なのよ。

利香さんも笑顔でそういった。

倫太郎 利香さんも，最初の人になりたい？

利香 そうね。ノーベル賞がもらえるかどうかは別として，ある研究分野について「この人がいちばんよくわかっている」と思われるようになれたらうれしいわ。

理子　でも，誰も考えたことがなく，かつ，今まで知られている原理や法則と矛盾しない新しいアイデアって，どうやったら思いつくのかしら？

▶ 1.4.3　新しいアイデアを思いつくための方法

利香　新しいアイデアを思いつくための方法は，こんな感じね。
　　利香さんは，ノートを開いて書きこんだ。

新しいアイデアを思いつくための方法
① 思いついたアイデアを書きとめる。
② 実験や観察をして試してみる。
③ 結果をよく考える。
④ いろいろなことに興味関心をもって自分の研究とのつながりを考える。

利香　順番に見ていきましょうか。まず，思いついたアイデアを記録することは，とても大事よ。

理子　私，枕元にメモを置いて，夢で見たアイデアを書きとめる研究者の話を聞いたことある。メモに書いたことは，とにかく試してみるんだって。

利香　そうね。実験や観察をして試してみることも，とても大事だわ。新しいアイデアは，研究を進めるなかで思ってもいなかった結果が出て，そこから生まれることが多いのよ。

倫太郎　そのためにも，結果をよく考えることが必要なんだね。
　ぼくは，利香さんから学んだことを思い出しながら言った。利香さんは笑顔になった。

利香　そうよ，倫太郎くん。そして，倫太郎くんや理子さんが学校で勉強していることは，結果を考えるために役に立つ知識なのよ。私は，いろんなことを勉強しなければならない大きな理由はそれだと思っ

ているの。

理子 ……勉強する理由かあ。

　お姉ちゃんはちょっと遠い目になった。受験勉強たいへんだもんね。

倫太郎 利香さん。この方法で，ぼくも新しいアイデアを思いつけるかな？　ぼくは知識も経験も足りないし……

　ぼくは，メモを見ながら，ちょっと不安になった。

▶ 1.4.4 幅広い興味関心をもとう！

利香 そこで大事になるのが，最後の「**自分の得意分野以外にも広く興味関心をもつ**」ことなの。

倫太郎 得意分野以外のことに興味関心をもつのが，どうして大事なの？

　お姉ちゃんも不思議そうな顔をしている。

利香 他の分野からどう見えるのかを知ることが，新しいアイデアにつながるからよ。

　利香さんは，さっきぼくが持ってきたアントシアニンの論文[2]を手に取った。

利香 たとえば，倫太郎くんが読んでいた論文で考えてみましょうか。アントシアニンは，ブルーベリーやムラサキキャベツなどの植物にふくまれている物質で，酸性・中性・アルカリ性で色が変化することは，小学校の理科の教科書にものっているわ。そこで，この論文では，アントシアニンを，**酸性・中性・アルカリ性以外の性質**を調べるために利用しているの。

倫太郎 水に溶けているカルシウムイオンとマグネシウムイオンが多いと，セッケンが泡立たなかったりするんだ。アントシアニンで，ミネラルウォーターに含まれるこれらのイオンの量を調べようという研究だったよ。

---

[2] 大橋淳史，紫カイワレ大根を用いた生命領域と粒子領域が連携した中学校理科教材の開発，『科学教育研究』39(1)，11-18，2015 年

お姉ちゃんはこの論文の話を知らないので，簡単に説明した。

利香　さらに，この研究では自分で育てた植物からアントシアニンを取り出すためにカイワレ大根を使ったり，取り出したアントシアニンの濃度をムラサキキャベツと比べたりしているわ。

理子　なるほど。水溶液の性質だけじゃなくて，アントシアニンをふくむ植物にも興味関心があれば，教科書にのっているあたりまえのことも研究の対象になるのね。

　お姉ちゃんはメモをとりながら，しきりとうなずいている。

利香　そういうことよ。倫太郎くんや理子さんが研究をするとき，まったく新しいアイデアを得ることはとても難しいわ。でも，今までわかっていることでも，少しだけ**違った視点から考える**ことができれば，それは「みんなが，ついやってみたくなる新しいアイデア」になるのよ。

倫太郎　わかったよ，利香さん！

　みんながあたりまえだと思っていることの視点を変えて，新しいアイデアを見つけるって，宝探しみたいでワクワクするな。

利香　なぜ研究をするのかは，だいたいわかったかしら？　それじゃ，次は研究の計画の立て方について考えていきましょう。

理子　あーあ。私も研究やりたいなあ。

　お姉ちゃんは，ブツブツ文句を言っていた。

1章　なんといっても目的が大事です！

1.4 よい研究テーマを見つけるには？

ぼくのメモ

よい研究とは？

誰も考えたことがない
原理や法則と矛盾しない
新しいアイデア

具体的

㊙ ほかの研究者にも貢献できるってことが大事なのよ！

（個別的）
ビタミンCは透明にする力でヨウ素を透明にする

（普遍的）
ビタミンCはヨウ素を還元してヨウ化物イオンにする。ヨウ化物イオンは無色なので透明になる。

（大事）みんなが
ついやってみたくなる新しいアイデア

☆新しいアイデアを思いつくための方法
1. 思いついたことを書きとめる！
2. 試してみる！　（大事）
3. 結果をよく考える！
4. いろいろなことに興味をもつ！

㊙ 夜中でも研究室に行って確かめるって言ってたわよ！

予想と違う結果から新しいアイデアが！

気づけるように勉強!!

（大事）
広い興味関心をもち
研究をさまざまな視点で見る!!

㊙ 私たちでもできそうね！

あたりまえから、新しいアイデアを見つける!!

アントシアニン論文の場合	
＜新しい＞	＜知られている＞
・イオンの量を調べる	・pHで色が変わる
・自分で育てた植物から取り出す	・ムラサキキャベツなどから取り出せる！

第 2 章

研究はこんなふうに進めます

ぼく，科学倫太郎は，お母さんの妹で研究者の化学利香さんと研究について話をすることになった。その途中で，ぼくのお姉ちゃん，科学理子が帰ってきて，3人でどうして研究をするのか，研究の目的とは何か，よい研究とはどんな研究かについて考えた。続けて，研究はどうやって進めるのかを3人で話し合うことになった。

2.1 疑問から研究目的へ

▶ 2.1.1 なぜそうなるのだろう？【はじめにある疑問】

利香 じゃあ，具体的に研究はどう進めるのかを考えてみましょう。

　さっき習ったので，ぼくは自信満々で答えた。

倫太郎 まず必要なのは研究の目的だよね！

利香 そのとおりよ，倫太郎くん。研究の目的の大事さは，わかったようね。でもその前に……

　利香さんが言いかけたところで，お姉ちゃんがハイハイと手を上げて答えた。

理子 「なぜそうなるのだろう」という疑問がある，でしょ？　利香さん。

利香 そう。そのとおりよ，理子さん。さっきの話でいうと好奇心ね。自然現象を観察して，ナゾを発見するところから，すべての研究は始まるわ。

　これも習ったぞ。ぼくは，メモを見てから，利香さんに続いて答えた。

倫太郎 そのためには，いろんなことに興味をもつのが大事なんだよね。

利香 そうよ。学校で習うことだって，ナゾはたくさんあるわ。たとえば，ふたりは水溶液の性質を調べるときにリトマス試験紙を使ったでしょう。リトマス試験紙は，どうして色が変わるか知ってる？

倫太郎 リトマスゴケから採れる色素を使うんでしょ？

　ぼくは教科書で読んだリトマスゴケの写真を思い出しながら答えた。

利香 そうね。でも，リトマスゴケのどんな色素によって色が変わるのかはよくわかっていないと言ったら，驚くかしら？

倫太郎 えっ!?　そうなの？

　ぼくとお姉ちゃんは驚いて顔を見合わせた。普通に使っていたリトマス試験紙がどうして色が変わるのか，よくわかっていないなんて！

利香 そうよ。リトマス試験紙は，リトマスゴケから採れたいろいろな色素が混ざった混合物を発酵させて使っているわ。とても便利なも

のだけど，色が変わるしくみはよくわかってないのよ。

　ぼくたちの驚いた顔を見て，おかしそうに利香さんは言った。

利香　ね？　見わたしてみれば，ナゾは身近にいくらでもあるわ。科学というのは，こうやって現象に疑問をもつ学問なの。どうしてだろうって考えて，答えを求めるのが研究の始まりなのよ。そして，答えが得られたと思っても，さらに考えてみることが大事なの。

　利香さんは，まじめな顔になると，ぼくとお姉ちゃんの目を見て続けた。

利香　リトマス試験紙がどうやって色の変化を起こすのだろうという疑問を持てば，誰でも今のナゾにたどりつけるわ。でも，多くの人はその手前の簡単な答えが得られたところで満足してしまうの。それではナゾは見えない。だから，身近なことに好奇心をもつこと，なぜそうなるのだろうという疑問をもつことが大事なのよ。

理子　……なるほど。研究の目的って身近にたくさんあるのね。

　お姉ちゃんは，ノートに一生懸命メモをとりながらつぶやいた。そんなお姉ちゃんを優しい顔で見ながら，利香さんは話しかけた。

2章　研究はこんなふうに進めます

▶ 2.1.2　身近でできることから探そう　【目的の探し方】

利香　理子さん。目的は身近なところにあるから，理子さんにできることをするのが大事だと思うわ。

　お姉ちゃんはハッとして顔を上げたけど，利香さんは微笑んだままだった。

利香　研究って，難しいことをすればいいわけではないのよ。どんなによい環境でも，理解できない難しいことをしているだけなら，それは「作業」であって「研究」じゃないわ。今のあなたにしかできないことがあるんじゃないかしら。

理子　……今の私にしかできないことって？

利香　時間がないなら，時間のかからない研究を考えてみてはどうかしら？　時間がかかる研究がよい研究というわけではないわ。がまんするより，頭を切り替えたほうがいいと思うのだけれど……

理子　利香さん，ありがとう！

　お姉ちゃんは，満面の笑顔になった。

理子　そっか。そうよね！　時間がかからない研究だって，研究よね！

利香　その代わり，そういう研究はアイデアが命よ。目的をよりハッキリさせて，他の人と違った新しいアイデアをもつことが大事だわ。

　利香さんも笑顔で応じた。お姉ちゃんは，利香さんに答えて何かを言いかけたところで，急にまじめな顔になったあと，うつむいて黙り込んだ。そして，小声でつぶやいた。

理子　いや，待って。よく考えたら時間がかかるところは，……にやらせればいいんじゃ……

　よく聞こえなかったけど，お姉ちゃんがチラッとこちらを見た目が，まるで獲物を見つけた肉食動物のような……

理子　ねえ，倫太郎。共同研究って知ってるかな？

　優しげな笑顔を浮かべたお姉ちゃんは，なぜだかとても恐ろしい。利香さん，苦笑していないで助けて！

**ルール
チェック**

他人の研究を使うときのルール

－ 私たちが新しいアイデアを思いつくことは難しいから，どうしても研究の目的は「どこかで見た」ものになりがちよね。

－ うん。インターネットでたくさんの自由研究が見つかるから，そのなかから興味がある研究をしたりすることも多いよね。

－ そうやって他人の研究を使うとき，守らなければならないルールがあるわ。それは，**自分が参考にした研究を明示する**ことよ。

－ 「○○を参考にしました」みたいに書くってこと？

－ 論文みたいに，最後にまとめて書けばいいかしら。

－ そうね。文中にも番号などをふっておいて，どの部分について，何を参考にしたのかがわかるように書くといいわね。

－ 参考にしたことを示さないで，まるで自分が考えたかのようにしたら，「**盗用**」という研究不正行為になっちゃうんだよね。

－ 私たちが知ってることは，多くの研究者の努力で得られたもの。だから，**そのアイデアはどこから来たのか**を示さなければならないわ。そして，**自分は何をしたのか**を明確にしておく必要があるの。

－ 他人と同じ目的でも，違うやり方にするんだよね？

－ そうよ。「**研究は考えた人のもの**」だから，使わせてもらう人は，相手に配慮しなければならないわ。

－ 私だったら，まずその人の研究をそのままやってみて，そこから自分なりの目的を見つけるかなあ。これは研究のルール違反にならないでしょ？

－ ええ，大丈夫よ。少し時間はかかるかもしれないけど，そうやって他人の考え方を学ぶのはよい方法だと思うわ。

－ 他人の研究を使うときのルール，覚えておくよ。

2章 研究はこんなふうに進めます

41

2.2 仮説を立てよう

▶ 2.2.1 仮説と目的は違うの？ 【道すじを予想する】

利香 ハッキリした目的を決めたら，次に何をするかを考えましょうか。

利香さんは朗らかに言った。お姉ちゃんは，共同研究の重要性について，ぼくに語るのをあきらめて，しぶしぶ利香さんに向き直った。ぼくは，お姉ちゃんが何かを言い出す前に，

倫太郎 えーっと，目的の次に来るのは，仮説だよね！

さっきの話を思い出して，とにかくそう言った。

利香 そうよ。**研究を開始する前には，自分なりの仮説，つまり，どうしてそうなるのかについて予想しておかなくてはならないわ。**

倫太郎 実験や観察をすれば結果はわかるのに，なぜ予想が必要なの？

ぼくは長年の疑問を利香さんに聞いてみた。学校の授業でも実験や観察の前に予想をするけど，予想をする理由がよくわからなかったのだ。

理子 研究では，仮説は正しくないことが多いし，そもそもわからないから研究を始めるのに，予想するって難しいわ。結果が出てから考えてもいいんじゃないかしら？

お姉ちゃんも同じ気持ちだったようだ。利香さんはぼくたちの意見を不思議そうな顔で聞いたあと，「ああ，なるほど」と手を打った。

利香 ふたりは仮説についてちょっと誤解しているようね。

倫太郎・理子 誤解？

ぼくとお姉ちゃんは同時に言ったあと，顔を見合わせた。

利香 想像してみて。ふたりが実験や観察をするときには，それによって何かが明らかになると期待しているわけでしょう？

倫太郎 うん，そうだね。ぼくがザリガニに煮干しをあげるときは，ザリガニがたくさん食べて，煮干しが好きなことが明らかになるだろうなと思っていたよ。

お姉ちゃんを見ると，お姉ちゃんもうんうんとうなずいている。

利香 それが仮説なの。つまり,仮説というのは,この実験や観察で検討すべき課題と言えるわね。

理子 そっか。どんなことが起こるかを予想して,それをもとに研究計画を立てるのね。

お姉ちゃんが大きくうなずいた。

倫太郎 それじゃあ,仮説と目的はどう違うの?

ぼくは少し混乱して,利香さんに聞いた。

利香 仮説というのは,「**目的に到達するために,この実験や観察からどのような結果が出るとよいのか**」を考えるものなの。

利香さんは,ノートにイラストを描き始めた。

利香 目的をゴールとすれば,仮説はゴールへの道すじを予想することね。そういうイメージが大事だと思うわ。

利香 しっかり予想ができていれば,観察すべきことは何かがわかるし,実験や観察でどの部分が大事かがわかるわ。逆に,予想があいまいだと,実験や観察で大事なことを見のがしてしまったり,ずれた考察をしてしまったりすることもあるの。だから,実験前に仮説を立てることはとても大事よ。

▶ 2.2.2　仮説を立てないと……　【理由を考える】

　話はだいたいわかったけど……ぼくの場合，どう考えたらいいんだろう。利香さんはぼくの顔を見て，ニッコリと笑って続けた。

利香　ザリガニの場合で考えてみましょうね。ザリガニは好きなものをどうやって区別しているのかを確かめる目的で，調べるとしましょう。ザリガニのエサとして，スルメとさきいかと生のイカを用意したとしら，ザリガニはどれをいちばん食べるかしら。

倫太郎　うーん。やっぱり生のイカかなあ。

　ぼくが答えると，お姉ちゃんが続けた。

理子　生のイカは新鮮だから，いちばん食べるような気がするわ。

　利香さんは，ぼくたちの答えを聞いて満足そうにうなずいた。

利香　この仮説を立てなくても結果が変わるわけじゃないわね？

　ぼくたちがうなずくのを見て，利香さんは続けた。

利香　じゃあ，実験の結果，ザリガニがスルメをいちばん食べたとしたら，どう考えるかしら？

　利香さんの質問に，お姉ちゃんが少し考えて答えた。

理子　新鮮な生のイカよりスルメを食べたということは，ザリガニは新鮮さ以外，つまり，においや色や触覚で区別している可能性が高くなるわね。

　利香さんはうなずくと，次の質問をした。

利香　じゃあ，予想をまったくせずに実験をして，同じ結果になったら，どう思うかしら？

　何も予想しないで，スルメとさきいかと生のイカを与えて，ザリガニがスルメを食べたら？　何も思いつかないな。ぼくは困って，実験結果をそのまま答えた

倫太郎　えっ？　……うーん。ザリガニはスルメが好き？

理子　倫太郎！　ザリガニは，好きなものをどうやって区別しているのかを考えるんでしょ！

お姉ちゃんに注意されて，ぼくは目的があいまいになっていたことに気づいた。目的はしっかりと意識していたつもりだったんだけど……

理子　でも，確かに，何の予想もしていないと目的があいまいになってしまうわね。

　お姉ちゃんも，ぼくと同じ気持ちだったみたいだ。ペンを止めて，考えをまとめるように宙を見つめていた。

利香　ね？　仮説を立てていれば，それが合っていなくても，研究をどちらに進めていくのか，わかりやすくなるでしょう？

　利香さんの言葉にぼくとお姉ちゃんは顔を見合わせてうなずいた。

倫太郎・理子　仮説って大事だね！

仮説と結果が違ったらどうする？

　仮説は合っていることも，間違っていることもあるでしょ？

　もちろん**仮説は正解じゃないわよ。**

　そう。仮説が正しいと強く思っていると，仮説と結果が違うときに，結果のほうが違うと考えてしまうことがあるわ。

　仮説に合うように結果を書き変えてしまうと，研究不正行為の「**改ざん**」になるね。

　結果を修正したくなるのはわからないでもないわ。

　予想が間違っているのか，結果が間違っているのかを悩んだときにどうするかはあとでまた考えるけど，簡単に確認しておきましょう。研究のルール違反を防ぐためには，どうすればよいと思う？

　もちろん……

　何度もくりかえし実験や観察をして，データを集める。

　そうよ。**科学者はデータのあとをついていくものだから，データ**が必要になるわね。

2.3 計画を立てよう

▶ 2.3.1 どうやって調べよう 【チェックポイントを決める】

理子 研究の計画は，目的を達成するように立てないといけないのよね。
　ひさしぶりに，お姉ちゃんが研究をやる気満々なのはいいんだけど，もしかしてその計画を実施するのは，ぼくだったりしないよね？

利香 研究計画というのは，地図を描くようなものよ。ゴールである目的から，今いるスタートに向かって，順番に計画を立てていくの。
　利香さんは，話しながらノートに地図を描いていった。

理子 あれ？　利香さん。この地図には，チェックポイントがいくつもあるよ？
　お姉ちゃんが，地図をのぞきこんで不思議そうに言った。ほんとだ。研究計画は目的(ゴール)にたどり着く道すじを考えるはずなのに，どうしていくつものチェックポイントが必要なのだろう。

利香 ちょうど，それを説明しようと思っていたところよ。研究では，ひとつの実験や観察だけでゴールにたどり着くのは難しいことが多いの。たとえば，さっきのザリガニは好きなものをどうやって区別しているのかで考えてみましょうか。目的を達成するためには，い

くつかチェックポイントがあるわね。

利香さんは話しながら，ノートの新しいページにまとめ始めた。

> 第1目標　同じ食べものの「色」が変わると食べ方が変わるかどうかを調べる。
> 第2目標　同じ食べものの「におい」が変わると食べ方が変わるかどうかを調べる。
> 第3目標　同じ食べものの「触覚」が変わると食べ方が変わるかどうかを調べる。
> 第4目標　「色」,「におい」,「触覚」を組み合わせて食べ方が変わるかどうかを調べる。
> ゴール　ザリガニが好きなものをどうやって区別しているのかを明らかにする。

利香　こんなふうに，ゴールにたどり着くまでに，いくつかのチェックポイントを決めておくのが，研究計画の大事なところね。もちろん，目標の順番は変えてもいいわよ。

　なるほど。研究計画を立てないと，最初から第4目標の実験をしてしまいそうだ。利香さんの説明をメモしていると，お姉ちゃんが言った。

理子　チェックポイントを考えるのは，変数を考えるのにもよさそうだわ。

▶ 2.3.2　条件を変えるときのルール　【変数】

倫太郎　お姉ちゃん，変数って何？

　ぼくが質問すると，お姉ちゃんは，少しあきれたような顔をした。

理子　倫太郎は，そんなことも考えずに研究していたの？　**変数というのは，変えることができる条件のことよ**。この場合でいえば，たとえばエサの種類や量，色，においなどは，変えることができるわ。

　お姉ちゃんは，ぼくの方に身を乗り出して，ぼくのノートに書き始めた。

2.3 計画を立てよう

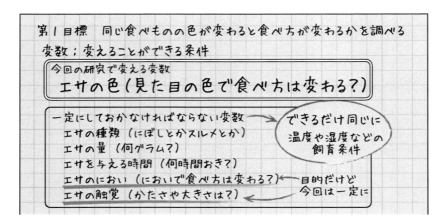

理子　第1目標の研究をするときは，ザリガニが食べるときの「色の影響」を調べたいので，色以外の変数は動かしてはいけないの。

倫太郎　どうして？

　変数なんて考えたことがなかったぼくは，お姉ちゃんが言っていることがイマイチよくわからなかった。ぼくの質問を聞いたお姉ちゃんの表情はさっきよりあきれている気がする。

理子　色を変えたときに，エサをあげる量を減らしたらどうなると思う？

倫太郎　ザリガニはエサを早く食べ終わるかな。

理子　じゃあ，エサを早く食べ終わった色は，ザリガニにとって好きな「色」なのかしら？

倫太郎　そんなわけないよ！　だって，量が少ないだけなんだから！

　量が多いものと少ないものだったら，少ないものを早く食べ終わるのはあたりまえだ。ん？　何かおかしいぞ？

倫太郎　……あっ！　そうか！

　ザリガニが色を区別しているかどうかを知りたくて実験しているんだ。その結果は，ザリガニが食べ終わる早さで調べることになる。なのに，エサの量が違っていたら，色の影響を調べることができなくなってしまう！　だから，エサは同じ量にしなくてはいけないんだ！

48

理子 　わかった？

　お姉ちゃんはニッと笑った。

理子 　色の影響を調べているときは，色以外の変数は同じにしておかなくてはいけないの。

利香 　理子さんは，変数についてよく理解できているわね。

　利香さんはうれしそうだ。お姉ちゃんは，すました顔をしているけど，ほおがピクピクしている。これは，とてもうれしい合図だ。ぼくも，利香さんにほめてもらえるように，がんばろう！

利香 　理子さんが言ってくれたように，研究計画のチェックポイントは，調べたい変数の数だけ必要になるわね。変数が目的に与える影響を，少しずつ確実に調べていくことで，第4目標みたいないくつもの変数を同時に変えた場合の影響を考えることができるようになるの。

　利香さんは，少し言葉を切って，ぼくたちが理解できているかどうかを確かめたようだ。

利香 　自然現象はとても複雑よ。だから，私たち研究者は，いくつもの変数を設定して，その変数ひとつひとつがどういう影響をもつかを

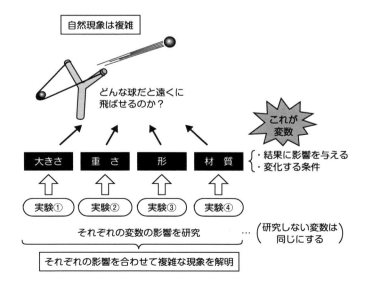

2.3 計画を立てよう

調べているの。私たちでも，いくつもの変数が同時に変わる条件でどうなるかを予測するのはきわめて難しいわ。だから，研究をするときは，**変数を考えて研究計画を立てることが大事なのよ。**

倫太郎 次から研究計画をしっかり立てるよ！

理子 そうね。変数を意識するって大事なことだもんね！

　お姉ちゃんは元気に言ったあと，ふとぼくの方を見た。

理子 ところで，倫太郎。お姉ちゃんは研究についてよくわかっていると思わない？　そんな，お姉ちゃんと一緒に研究すれば，倫太郎も研究についてよくわかるようになるんじゃないかなあ？

　お姉ちゃんが親切に教えてくれたのは，そういう意図があったのか！

あなたにできることをやろう

　この前，すごいアイデアを思いついたんだけど，実行できそうもない計画は立てないほうがいいのかな……

　それって研究のルールと関係あるの？

　「**その計画は実行できるか**」という問題ね。実行が難しい研究にはふた通りあるの。順番に考えてみましょう。

　　　　　　　　　　※　　　　　　※

　ひとつ目の研究は，**高度な研究**の場合ね。

　たとえば，私が遺伝子組み換えの研究をやりたくても，設備もないし，そもそも実験の技術が足りないわ。

　もし倫太郎くんが，自分にはできないけど，すごいアイデアを思いついたらどうする？

　うーん。そのアイデアを実現してくれそうなところに聞いてみるかな。

　でも，中学生が突然話を聞いてほしいっていっても難しいんじゃない？

　でも，すごいアイデアは試してみたいし，誰かがそれをやってし

まったら悔しいよ。
　そんなとき，本当はやっていないけど「やったこと」にしてしまえば，その問題は一気に解決するわよね……？
　そうか。できないのに，うまくいくはずだと思い込んでいると，研究不正行為の「**ねつ造**」をしてしまうかもしれないわ。研究のルール違反を防ぐためには，できないことにこだわらず，自分でできることをよく考えないといけないのね。

※　　　　※

　じゃあ，ふたつ目。それは動物実験の**生命倫理**に関わる場合よ。
　生命倫理？
　生命をもつ生き物を研究に用いるときには，守らなければならないルールがあるのよ。これは研究のルールとはちょっと違うけど，一緒に考えておきましょう。
　動物を使った実験をするときには次の3つのルールがあるの。

---
① まずは，**動物を使わない方法を考える。**
② 次に，**使う動物はできるだけ少なくする。**
③ そして，**使う動物にできるだけ苦痛を与えないようにする。**

2.3 計画を立てよう

🧑‍🦰 私たちの研究は,だいたいの場合,生き物を使っているから,このルールに違反していないかどうかを考えることは大事ね。

👦 ぼくだったら,ザリガニにエサをやらないとどうなるかとか,脱皮に必要なエサをあげないと脱皮できないかとか,そういう研究はルール違反になるのかな?

👩 くわしいことは第 3 章で解説するけど,動物実験のルール違反を防ぐためにも,生き物を使った研究をするときには,殺す研究よりも,生かす研究をめざすほうがいいわね。

2.4 実験や観察をしよう

▶ 2.4.1 手を動かして考える

倫太郎 実験や観察をするときにいちばん大事なことは「手を動かす」
　　こと。そうだよね？　利香さん。

　ぼくとお姉ちゃんは，利香さんが口を開く前にそう言った。「手を動かす」は利香さんの口ぐせのひとつだ。手を動かすというのは，**何度も実験や観察をして確かさを確認する**ということで，化学者である利香さんにとって，最も大事な考え方なのだそうだ。

利香 そのとおりよ。ふたりは，よくわかっているわよね。

　利香さんは，うれしそうにニッコリと笑った。

利香 手を動かさなくてはならない理由は，大きく分けてふたつあるわ。
　　もう一度確認しておきましょう。

　利香さんは，ノートにさっと理由を書いた。

手を動かさなくてはならない理由
①現象が偶然ではないことを証明する。
②目的や仮説が確かであることを証明する。

利香 自然現象は複雑なので，本来は起こらないはずのことが，さまざまな偶然の積み重なりによって起こったように見えることがあるの。だから，思い通りにいったと思っても，私たちは冷静になって，それが偶然かどうかをよく考えなければならないわ。これが実験や観察を何度もおこなって確かめなければならないひとつ目の理由ね。

倫太郎 目的や仮説が確かかどうかっていうのは，たとえば「ザリガニはにおいで食べものを区別している」という予想が正しいかどうかを証明するってことだよね？

　ぼくは，これまでのメモを見ながら，考えをまとめて言った。ふと見

2.4 実験や観察をしよう

ると，お姉ちゃんが，ニッと笑って，ぼくに向かって親指を立てていた。どうやら間違っていないみたいだ。

利香 よくわかっているわね，倫太郎くん。実験や観察をするのは，目的や仮説が正しいかどうかを調べるためだったから，それが確かであることを証明しなければならないわ。

理子 大事なことは，**1回の実験や観察ではわからない**ってことでしょ？ 利香さん。

利香 そうよ，理子さん。自然現象は，どれほど工夫しても変数をひとつにすることができないの。いくつもの変数が結果に関わっているので，実験や観察ごとに値に違いが現れるわ。

倫太郎 それじゃあ，たまたま結果が自分の思いどおりだったから，これでよいと考えると間違ってしまうね。

ぼくが答えると，お姉ちゃんが付け加えた。

理子 逆に，結果が自分の思ったとおりじゃなくても，たまたまかもしれない。簡単にあきらめてしまったけど，もう1回やったら仮説に合う結果がでるかもしれないのよ。

倫太郎 そうだとすると，あきらめてしまったら残念だな。

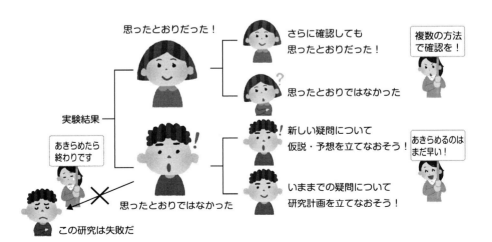

利香　ふたりとも，わかってきたわね。じゃあ，実験や観察を，どうやって進めていくのか，具体的にイメージしてみましょう。

▶ 2.4.2　課題はひとつずつ解決する　【実験や観察で大事なこと①】

　利香さんは，ノートに絵を描き始めた。こうやってイメージでまとめることが大事なんだな。

利香　覚えておいてほしいのは，実験や観察は，研究において最も大事な部分だということよ。それじゃあ，具体的に確認してみましょう。
　利香さんは，ノートに確認することを書き出した。

```
実験や観察で大事なこと
① 課題はひとつずつ解決する。
② 時間の管理はしっかりと。
③ くわしい記録を取る。
```

倫太郎　課題はひとつずつ解決するというのは，さっき教えてもらった変数をひとつずつ変えるってことだよね。
　ぼくが言うと，お姉ちゃんがつけ足してくれた。
理子　新しい目的を思いついたときの行動でもあるわね。次々と新しいことを始めていくと，何をしているのかわからなくなってしまうものね。
利香　だから，目的をハッキリさせて，ひとつの実験や観察ではひとつの変数に集中して解決していくことが大事よ。じゃあ，時間の管理はどうかしら？

▶ 2.4.3　研究に使える時間は？　【実験や観察で大事なこと②】

　利香さんの質問にお姉ちゃんが答えた。
理子　研究に使える時間を考えて，どうやって研究を進めるのかを決めるということかしら？

お姉ちゃんは忙しいもんね。ぼくはもう少し時間があるので，ちょっと違った立場だ。

倫太郎 時間がかかる実験や観察をしているときに，あまった時間で別の実験や観察を進めることができるよ。

理子 あっそうね！　確かに，待っている間にいろいろできそうね。たとえば，倫太郎が研究の待ち時間に，私の研究を進めるとか。

お姉ちゃんにどう答えようかと困っていたら，利香さんはクスッと笑って話を先に進めてくれた。

利香 ふたりの言うとおりよ。研究に使える時間をどうやって有効に使うかは，とても大事なの。私たちも，いくつもの実験を並行しておこなって，データをたくさん得られるように工夫しているわ。

倫太郎 さあ，最後は記録だね。

▶ 2.4.4　記録はできるだけ詳細に　【実験や観察で大事なこと③】

利香 ふたりはわかっていると思うけど，記録を取るのは研究者にとっていちばん大事なことよ。

倫太郎 **実験や観察をおこなった日付**や**時間**，**天気**，**気温**，**湿度**，**使った器具**などの記録は，絶対必要だね。

ぼくが答えると，お姉ちゃんは腕を組んで考えながら続けた。

理子 それから，実験や観察をした人にしかわからない観察結果をできるだけくわしく書くことが必要ね。色とか，体積とか，質量の変化とか，あとは何があるかしら……

利香 観察をしたときに，感じたことや考えたことも書いておくといいわ。その結果を，自分がどう考えていたのかも思い出すことができるから。

お姉ちゃんの疑問を，利香さんがまとめてくれた。なるほど。自分の考えも書いておくと，そのときに何を考えていたのかを思い出せるなあ。

倫太郎 できるだけくわしく書くことが大事なんだね。

ぼくがメモを取りながらいうと，ぼくのノートをのぞきこんだお姉

ちゃんが，ニヤニヤしながら口を開いた。

理子 倫太郎。ていねいに書くことも大事よ。文字が汚くて，あとで読めないなんてことになったら，研究したことを証明できないからね。

倫太郎 う，うるさいな！ きれいに書こうとはしてるんだよ。

利香 まあまあ，ふたりとも。実験や観察の方法についてはわかったかしら。ねつ造や改ざんを疑われないために，「**鉛筆ではなく消せないペンなどで書くこと**」，「**修正液で修正しないこと**」も大事よ。それでは，次に結果をどう考えるのかについて，まとめてみましょうか。

 悪意のない間違いは許される？

 　実験や観察で，間違えちゃうことってあるよね。

 　間違いは大きく分けて，方法と記録の間違いがあるわ。**方法の間違い**というのは，やり方が間違っていて，結果が得られないときね。

 　そういうときにルール違反が起こりやすくなるのよ。

 　そうか。「うまくいくはず」の実験や観察が何度やってもうまくいかないと，「うまくいった」ことにしてしまう研究不正行為の**ねつ造**や**改ざん**が起こりそうだな。

57

2.4 実験や観察をしよう

🧑‍🦰 うまくいかないときは，方法をもう一度見直すべきね。数学の問題だってそうだもんね。

👩‍🏫 じゃあ，次は**記録の間違い**ね。記録の間違いには，ふたつあるわ。「**記録をしない間違い**」と，「**誤った記録をする間違い**」よ。

🧑‍🦰 記録をしない間違いは，すべての間違いに通じるわね。だって記録していないんだもの。何もわからないわ。

🧑 そうだね。データがまったくないわけだから，予想どおりにいかなくて，やり方を変えようと思っても，どうにもできないね。

🧑‍🦰 予想どおりにいっても，なぜそうなったのか説明できないわ。

👩‍🏫 そういうときに，つい「こうだったらいいな」を「こうだった」と書きかえてしまう**ねつ造**が起こりやすくなるわ。

🧑‍🦰 誤った記録をするほうの原因は，字が汚い場合が多そうだけど。

🧑 うぐぐっ。

👩‍🏫 「記録の読み間違い」によるルール違反を防ぐためには，ていねいに，くわしく記録を取ることが大事ね。

🧑‍🦰 利香さん。純粋に間違えたために起こってしまった「ねつ造」とか「改ざん」はどう扱われるの？

🧑 悪気はないんだから，訂正すればいいんじゃないの？

👩‍🏫 そうはいかないわ。それも研究不正行為とみなされるわ。

🧑 え !?　間違えただけなのに……

👩‍🏫 それによって，ほかの研究者の貴重な時間をむだにしたりすることもあるのよ。研究者は，そういった間違いをしないように注意する義務があるのよ。悪意がないから許されるわけじゃないから注意が必要ね。

2.5 結果について考察しよう

▶ 2.5.1 疑問はどこまで明らかになったか？ 【考察とは】

倫太郎 考察って難しいよね。

　メモをまとめながらもらしたぼくのつぶやきを聞いて，同じようにメモをまとめていたお姉ちゃんが顔を上げた。

理子 考察は，予想との違いを確かめて，目的がどこまで明らかになったのかを考えればいいのよ。倫太郎は自分の目的のあいまいさがわかったんだから，次からは目的をハッキリ決めれば苦労しないでしょ。

倫太郎 それは……そうかもしれないけど。

　そうはいっても，できなかったことが簡単にできるとは思えず，ぼくはモジモジした。そんなぼくを見て，利香さんが話しかけてきた。

利香 倫太郎くん。なんでもそうだけど，最初からうまくできる人はいないのよ。私も最初は苦手だったわ。

倫太郎 利香さんも，できなかったの？

利香 もちろん。苦手なことも，練習すれば上手になっていくものよ！

　ぼくの質問に，利香さんは満面の笑みで大きくうなずいて言った。

利香 それじゃあ，考察について整理してみましょうか。

▶ 2.5.2 いろいろな考え方を試そう 【データの分析】

　利香さんが言うと，お姉ちゃんがはりきって続けた。どうやら話を続けたくてウズウズしていたみたいだ。

理子 まず，得られた結果が「予想は正しい」と示したときね！　この場合は「思ったとおりだった」で終わらせてはダメ。

利香 理子さん。それは大事なことね。予想が正しいとうれしくなって，つい信じてしまいそうになるけど，そういうときこそ疑う必要があるわ。

2.5 結果について考察しよう

倫太郎 でも，何度も実験や観察で確認していたら大丈夫なんじゃないの？

ぼくはメモを見返しながら質問した。

利香 それじゃあ，倫太郎くんは，化学反応で発生する気体の量をはかる実験をしたとしましょう。得られた結果はこんな感じだわ。

利香さんは，ノートにグラフをさっと描いた。

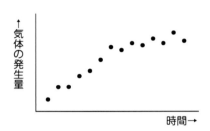

倫太郎 うーん。これは直線になりそう。

お姉ちゃんも身を乗り出してきた。

利香 倫太郎くんがもし，この気体の発生量は時間とともに直線的に増えるだろうと予想していたとしたら，このグラフを見てどう思うかしら？

倫太郎 「うまくいった」と思うだろうな。

利香 じゃあ，近似線を引いてみましょう。

ぼくは利香さんが近似線を引くのを見つめた。近似線というのは，実験で得られたすべての点からの距離が同じくらいになるように線を引く

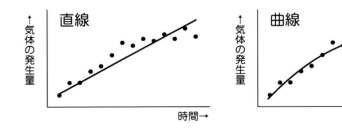

方法だ。

倫太郎 あれ？　直線になると思っていたけど……

　ぼくが言いかけたところで，お姉ちゃんが口を開いた。

理子　曲線のほうがきれいに説明できるわ。

利香　これが，「予想が正しい」と示されたときに起こりうる問題のひとつよ。おそらくだけど，もう少し長い時間調べると，気体の発生が止まって一定になるんじゃないかしらね。

　利香さんの描いたグラフを，ぼくたちはまじまじと見つめた。確かに，傾きがだんだん小さくなっているから，気体の発生量は一定になりそうだ。点だけを見ていたら，直線的に変化すると思ったんだけど。

利香　「直線的に変化する」という予想が正しいと思いこんで，直線だけを引いたら気づかないかもしれないわ。ちゃんと考察をしなかったら，大きな間違いをしてしまうの。

　お姉ちゃんは驚きながらも，自分のノートに図を描き写している。あとで見返すためだろう。どんなときでもしっかりしてるなあ。

利香　実験や観察を確実にしたからといって，正しい答えが出るとはかぎらないわ。このグラフのような間違いをしてしまうこともある。だから，正しく考察することが必要だとわかってもらえたかしら。

　利香さんの言葉に，ぼくは大きくうなずいた。

倫太郎　もしかしたら違うかもしれないと考えてみることが大事なんだね。

理子　もし直線的な変化が正しいと結論してしまったら，本当は正しい曲線的な変化を見逃してしまうのね。考察って大事だと，改めて思うわ。

　お姉ちゃんは腕を組んで，うなっている。本当だ。うまくいっているときこそ，気をつけなくてはいけないな。

▶ 2.5.3　考察で検討する 4 つの条件　【考察で注意すべき点①】

利香　それじゃあ，考察で注意すべき点について整理してみましょうか。

2.5 結果について考察しよう

利香さんが、ノートに書き始めた。

> **考察で注意すべき点**
> ① 観察は念入りにできているか？
> ② 実験の条件についてすべて理解できているか？
> ③ 結果の解釈にあやまりはないか？
> ④ 何回も実験をおこなって、同じ結果が出るかを確認しているか？

利香 科学者は、これらを確認して思ったとおりだったとしても、簡単には信じないわ。結果につねに疑いをもちながら「今のところは正しいな。でも、この条件は大丈夫かな？」と考えているのよ。つまり、それが……

利香さんが言おうとしていることは、ぼくにもわかった。

倫太郎 新しい研究の目的なんだね。

利香 そう！ よくわかったわね、倫太郎くん。

倫太郎 えへへ。まあね。

ここまで学んできたことをしっかりと出せたと思う。利香さんはうれしそうだ。お姉ちゃんは、少し驚いたような顔をしている。お姉ちゃんのぼくへの評価もちょっと上がったかな？

理子 なかなかやるわね。じゃあ、私から聞くわよ。得られた結果が、「予想が正しい」と示してくれない場合はどうする？

倫太郎 なぜ予想と違う結果になったかを考えないとね。まずは考察に間違いがないか確認するな。実験や観察をやり直すには時間がかかるし。

ぼくが答えると、お姉ちゃんは楽しそうな表情になった。

理子 じゃあ、次よ。考察には問題がなさそうだと思ったらどうする？

倫太郎 ええと、次は実験や観察の条件を考え直すかな。もしかしたら、条件が違っているのかもしれない。

理子 ふむふむ。じゃあ、実験や観察の条件を変えてみても結果が変わ

らなかったらどうする？

お姉ちゃんは，ぼくの回答をメモしながら，次の質問を読み上げた。

え？　もしかして，質問表を作ってあるの？　いつの間に？

倫太郎　そうだなあ。そうなると，研究の方法が違うのかな。それとも，予想しなかった新しいことが見えているのかなあ。少し考える時間が必要そうだ。

ぼくは，メモを見ながら考えをまとめて答えた。ぼくの答えを聞いて，お姉ちゃんと利香さんは顔を見合わせて，笑顔になった。

理子　すごいじゃない，倫太郎！

利香　すばらしいわね！　結果にはそうなるべき理由があるの。うまくいってもいかなくても，そこには理由があるわ。研究とは，その理由を考えるものなの。倫太郎くんはそれがよくわかっているわね！

利香さんは，さっきよりもうれしそうだ。お姉ちゃんは，ニッと笑って，ぼくに聞いてきた。

理子　倫太郎，次はどうする？

そう。研究では，次に何をするのかが大事だ。ぼくは，これまでのメモをもう一度見直した。

▶ 2.5.4　結果が予想どおりではなかったら　【考察で注意すべき点②】

倫太郎　ええと，次に考えるべきことはふたつに分かれると思う。

ぼくは，利香さんのまねをしてノートに計画を示した。

予想が思ったとおりではなかったときの対応
① 目的は変えずに研究計画を変える。
② 新たな目的を立てる。

倫太郎　えっと，まずは偶然ではないことを確認するでしょ。次は，研究計画を考え直すかな。チェックポイントに到達できないことがわかったわけだから，他の方法で目的に向かうことができないかを確

2.5 結果について考察しよう

かめるよ。
　チラッと見ると，お姉ちゃんも利香さんもワクワクとした表情をしている。よかった。ここまでは間違っていないみたいだ。

倫太郎　それで，ええと，同時にこの結果から新しい目的が見つかったかどうかを考えてみる。もしかしたら，新しいアイデアなのかもしれないし，時間をかけてどうするかを決めるよ。あっ，それから，使わない方法のアイデアは研究の種として記録しておく。こんな感じかな？

　ぼくが言い終わると同時に，お姉ちゃんと利香さんは拍手してくれた。

理子　倫太郎！　バッチリよ！

利香　研究の手順についてすっかりわかったみたいね！

　いつも厳しいお姉ちゃんと，ぼくの目標である利香さんにほめられたのは，とてもうれしい。

倫太郎　ボンヤリとだけど研究についてわかってきたような気がするよ。

理子　その調子でがんばりなさいよ！　私の共同研究者なんだからね！
　……ん？　あれ？　いつの間にそんなことに？

結果のズレはなぜ起こる？

　「**誤差**」って聞いたことあるかしら？
　誤差っていうのは，結果のズレよね。
　そう。実験や観察の結果が，理論から考えた値と少しだけ違う，これを誤差とよんでいるわ。誤差には，おおまかに「**偶然誤差**」と「**系統誤差**」の2種類があるの。
　偶然誤差っていうのは，言葉どおり，偶然に現れるズレなの？
　そうよ。自然現象は複雑だから，ちょっとした条件の違いで結果にも違いが現れるわ。だから実験や観察は毎回少しずつ違った値が得られる。これが偶然誤差ね。
　じゃあ，系統誤差っていうのは？

系統誤差は、理由があって起こる誤差よ。使っている機器、研究者の操作、研究方法の限界が理由で起こる、**偶然ではない誤差**ね。

　使っている機器が理由になった誤差は、はかれる限界の違いかな？　たとえば、1g単位の天秤で粉末を2gはかりとって、0.1g単位の天秤にのせると1.8gだったみたいな……

　そうよ。**研究者の操作**というのは、たとえば液体を移しかえるとき、ほんの少しだけ液体が残ってしまうことによって起こる誤差ね。

　研究方法の限界というのは、沈殿が生じたり、溶けきらなかったりという、どうしようもない問題よね。

　そうか。実験や観察には、いろいろな誤差が関係しているんだね。

　何をのんびりしているのよ。つまり、結果が理論から考える値と同じになることはありえないから、もし結果が理論から考える値と同じになったときには注意しなければならないってことよ。

　そうか！　誤差が重なって結果が正しく見えているだけで、もしかしたらズレているかもしれないんだ！　意図しないねつ造をしてしまう可能性があるね。

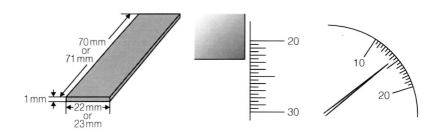

密度が8.9 g/cm³の銅板の密度を測定した。3辺の長さはかったところ1 mm × 71 mm × 23 mmであり、質量は14.6 gであった。計算したところ、得られた数値は8.9 g/cm³で理論値と同じであった。しかし、定規の目盛りは0.5 mm刻みを目分量で読み、質量は0.3 g単位で測定している。定規と天秤ふたつの誤差が重なって正しく見えるが、精度の高い測定器で測ると、長さは1 mm × 70 mm × 22 mm、質量は14.5 gであり、密度は9.4 g/cm³となった。

誤差の例

2.5 結果について考察しよう

　思ったとおりに見えることと，思ったとおりであることには，大きな違いがあるの。目に見えない誤差についても考えておくのが考察だわ。それともうひとつ，「**思いこみ**」っていう問題もあるの。

　それは，どういうもの？

　こんどは，目に映っても見えなくなってしまうことよ。

　目に映るものは，見えるでしょ？

　人間の認識は，私たちが思っているほど確かなものじゃないのよ。有名な実験を YouTube で見ることができるので，見てみるといいわ★3。

　えーっと，これだね。……ええ!?　どうして!?

　これは……不思議ね。

　わかってもらえたかしら？

　確かに目に映るものが見えるとはかぎらないんだね。

　予想が正解だと思いこんでいると，正解とは違う現象が見えなくなってしまうかもしれないわ。

　予想をしていないと正しい現象が見えない可能性もあるわ。その結果，間違った判断をして，意図しないねつ造をしてしまうのよ。

　自分ではわからないルール違反って怖いね。

　本当ね。注意しなくてはいけないわね。

　研究のルール違反を防ぐためには，「**考察をしっかりとすること**」，「**予想にこだわりすぎないこと**」が大事ね。

★3　https://www.youtube.com/watch?time_continue=1&v=vJG698U2Mvo
　この実験では，画面を見ているのに，登場したものに気がつかないことが多い。

2.6 研究を発表しよう

▶ 2.6.1 なぜ発表しなくてはいけないのか？

利香　最後に考えるのは，研究の発表についてよ。

　メモをまとめていたぼくたちに，利香さんが声をかけた。

倫太郎　発表？

　不思議そうな顔をしていたのだろう。ぼくたちの顔を見て，利香さんはクスッと微笑んだ。

利香　ふたりとも研究の発表は毎年やっているでしょう？

倫太郎　ああ，そうか。自由研究の提出も発表のひとつだね。

理子　いろいろな研究賞の応募もそうよね。

　ぼくたちが口々に言うと，利香さんはうなずいた。

利香　いくつかの専門学会では中高生が発表できるものもあるわよ。調べてみると，研究を発表する場はたくさんあるわね。

倫太郎　でも，どうして研究を発表するんだろう？

　ぼくは少し不思議だった。そもそも，よく考えてみれば，どうして自由研究を提出しなければならないのだろう。今まで疑問に感じていなかったいろいろなことにナゾを感じるようになってきたみたいだ。

利香　それは大事な疑問ね。科学者が研究を発表する理由はふたつあるわ。

▶ 2.6.2 こんなアイデアを見つけたよ　【発表する理由①】

　利香さんは，最初に人差し指を立てた。

利香　ひとつ目は，自分の新しいアイデアをみんなに知らせるため。「こんなアイデアを見つけたよ」という表明ね。

倫太郎　科学者は，それぞれ独自の研究をしているのに，どうしてアイデアの表明が必要なの？

　自分だけのアイデアを追究している科学者にとって，他の人がどんな

2.6 研究を発表しよう

アイデアをもっているかが，そんなに大事なんだろうか。お姉ちゃんも同じ気持ちだったようで，不思議そうな顔をしている。利香さんは，ぼくたちの表情を見ると，ちょっと首をかしげて，人差し指をほおにあてた。

利香 そうね。たとえば，世界中である病気が問題になっているとしましょう。多くの研究者がこの病気を治したいと考えて，病気の原因について研究を始めたわ。

ぼくたちは，うんうんとうなずいた。

利香 ふたりがその病気について研究をしたところ，今まで知られていなかった細菌によって起こることがわかったとしましょうか。これを黙っていたら，どうなるかしら？

倫太郎 ええと，他の研究者も研究しているんだから，他の研究者が見つけるんじゃないのかな？

ぼくの答えに，利香さんはニッコリ笑ってうなずいた。

利香 そうかもしれないわね。でも，誰も見つけられなかったら，どうなるかしら？

倫太郎 それは，病気の原因を，誰も知らないままになるだろうね。

ぼくがそう答えると，お姉ちゃんが突然声を上げた。

理子 そっか！　それじゃ困るわ！

お姉ちゃんは，ぼくに向かって話を続けた。

理子　倫太郎，よく考えなさいよ。みんなで病気を治す方法を考えているのよ。私たちは答えと思われるものを見つけた。私たちが，それを発表すれば，その細菌に効く薬を知っている人がいるかもしれない。病気はすぐに治るかもしれないのよ！

倫太郎　そうか！　ぼくたちが黙っていたら，みんな見当違いの研究を続けることになる！　その病気で多くの人が苦しんでいるのに！

利香　わかってくれたかしら。病気ではなくても，私たちの研究は，世界に新しいアイデアを提案するものよ。それぞれが独自の研究を進めていても，協力すべき点もたくさんあるの。だから，自分が見つけたアイデアを発表することは，科学者の義務と言えるわ。

　なるほど。確かに研究を発表するのは大事だ。でも，ぼくたちが見つけることに，そんなに新しいことなんてあるのかな。そんなぼくの疑問を見透かしたように，利香さんは続けた。

利香　これはもちろん科学者の話よ。ふたりの場合は，研究発表は，「**自分の考えを誰にでもわかりやすく伝える練習**」だと考えるといいわ。

▶ 2.6.3　わかりやすく伝える練習を　【発表する理由②】

倫太郎　わかりやすく伝える練習？

　ぼくはメモの手を止めて，利香さんを見た。

利香　文章の読みやすさや図表のわかりやすさ，研究の流れやアイデアをイメージ化することは，練習しなければうまくできるようにならないわ。そして，それは発表する相手によっても変わるのよ。

理子　発表する相手によって内容を変えるのは，私のピアノと同じね。審査されるコンクールと，みんなに聞いてもらう発表会では，選曲も演奏法も違うもの。

　お姉ちゃんの言葉に，利香さんはニッコリ笑った。

利香　聴いてくれる相手が楽しめる，わかるように発表するのは，科学研究に限らないわね。これまで考えてきた目的，計画，仮説，実験や観察，考察を，限られた文字数や時間で，誰にでもわかるように

まとめて伝えるのは，簡単ではないわ。

利香さんは，ぼくたちを見つめたあと，言葉を続けた。

利香　だから，あなたたちが発表するときは，わかりやすい発表とは何かを考えるための練習の場だと考えるのがいいと思うわ。

倫太郎　わかりやすい発表に必要なものって何だろう？

どうすればわかりやすいといえるのだろう。ぼくが悩んでいると，横で腕を組んで考えていたお姉ちゃんも，お手上げという表情になった。

理子　なかなか難しそうね。

利香　どうかしら？　ここでもナゾが見つかったわね。

ぼくたちが難しい顔をしているのを見て，利香さんは茶目っ気たっぷりに言った。

利香　このナゾは，まだ誰も解いたことのないナゾだけど，今からでも挑戦できるわ。ぜひ挑戦してほしいわね。

理子　……そうね。私たちの当面の目的は，お母さんがわかる発表をめざすことかしらね。

お姉ちゃんが気分を入れ替えるように言った。お母さん，わかるかなあ。

▶ 2.6.4　みんなはどう思う？　【発表する理由③】

利香　発表をするふたつ目の理由について考えてみましょう。ふたつ目の理由は，**自分のアイデアについて，他人の意見を聞くためよ。**

利香さんは，人差し指と中指を立て，ふたつ目であることを示しながら続けた。

倫太郎　どうして他人の意見を聞くの？

自分の研究については自分がいちばんよく知っている。研究について知らない他人の意見は，本当に必要なんだろうか。ぼくの質問に，利香さんはうなずいて続けた。

利香　簡単に言えば，研究について知らない人が，どのように考えるかを知るためよ。研究をしている人は，明確な目的を立てて研究計画に沿って研究をしている。これは大事なことだけど，結果を望むと，

「見えているものが見えなくなる」可能性も高まるわ。
理子　それって，さっきの動画と同じよね。
　お姉ちゃんが言った。ああ，そうか。あの動画では，目に映っているものが見えているとは限らないことを学んだんだ。
利香　そうよ，理子さん。「見えるものが見えなくなる」のは観察だけじゃなくて，考察でも起こるの。観察で見えなかったものは，何度も観察することで気づくことができるけど，考察で気づかなかったことは考え方の違いだから自分ひとりで気づくのは難しいわ。
理子　ああ，なるほど！　だから，研究発表で他人の意見を聞くのね！
　お姉ちゃんはピンときたみたいで，ぼくに向かって説明してくれた。
理子　こういうことよ，倫太郎。Ａというものが見えなくなるのは，別のＢというものに集中しているからでしょ。そのＢを，期待する結果と考えるのよ。私たちが，目的や予想というＢに集中しすぎてＡに気づかないとき，何度考え直してもＢに注目している限りはＡは見えないわ。
倫太郎　そうか。研究について知らない人は，Ａにも注意が向いて気づくかもしれないってことか。
　目的に合うように結果を考えてしまっていないかどうかは，何も知らない人に見てもらったほうが確実だ。ぼくが，考えを確認するために利香さんを見ると，利香さんはニッコリ笑った。
利香　そういうことよ。だから，発表をするときには大事なことがあるわ。
倫太郎　大事なこと？
利香　**誰かの発表を聞いたら，かならず質問をすることよ。**
　利香さんは，真剣な表情になると，ぼくたちの目をのぞきこんだ。
利香　質問というのは「あなたの研究は，私の考え方によるとここが大事だと思う」という提案なのよ。
　利香さんは，ぼくたちが話を理解するのを待って，言葉を続けた。
利香　研究発表を聞いた人がする質問は，そういう新しい視点での考察なの。だから，発表をすることで，見えなかったものに気づくこと

ができるわ。もし，あなたたちが，他人に質問を求めるなら，当然，他人の発表に対しても，あなたたちは同じ義務を負っているのよ。

理子　お互いがお互いの研究を助ける，研究者の相互扶助ってことね。

　お姉ちゃんがすました顔で言った。お姉ちゃんは，難しいことを言うなあ。ぼくがそう思っていると，利香さんもちょっと驚いた表情になってクスッと微笑んだ。

利香　そうよ。質問は，する側にとっても，される側にとっても，研究に対する理解を深める大事な瞬間なの。だから，発表は積極的に聞くべきだし，質問はしなければならないわ。

　ふたりの話を聴いて，ぼくは自分の考え違いに気づいた。実は，ぼくは，今まで研究発表について，宿題の提出と同じように考えていた。だから，発表についてコメントをもらったときも面倒だなと思っていたし，誰かの発表を聞いても余計なことは言わないように，質問をしなかった。でも，お姉ちゃんは，いつもコメントを真剣に読んで，わからないところを利香さんに聞いていたし，誰かの発表を聞いたときはかならず質問していた。お姉ちゃんはいつでも目的をもっていたんだ。ぼくは思わずつぶやいた。

倫太郎　質問って大事なんだなあ。

理子　今ごろ気づいたの？

　お姉ちゃんはあきれたように言った。そうなんだ。最初からお姉ちゃんはわかっていたんだ。ぼくもお姉ちゃんに追いつけるようにがんばろう。利香さんは，ぼくたちを見て微笑んで，口を開いた。

利香　発表の大事さはわかってもらえたかしら。これで，研究についての流れはわかったと思うから，研究のルールを守りながらがんばっていきましょうね。何ごとも……

倫太郎・理子　手を動かさないとわからない！

　ぼくたちは，利香さんに先んじて同時に言った。

倫太郎　でしょ？　利香さん。

発表をするとき・聞くときのルール

― 発表するときに注意すべき研究のルールは、「**内容の重複**」と「**聞いた発表内容の扱い**」ね。

― 内容の重複って、同じ内容で発表してはいけないってこと？

― そういうこと。「同じ内容で発表してもよい」とルールで決まっているもの以外は、**未発表の内容**でなければならないわ。

― でも、未発表の研究なんて、簡単にはできないよ。

― そうよ。だからこそ、研究発表は貴重な機会なのよ。でも、最近は、そういった考え方が理解できずに、同じ内容で何度も発表する人が増えているみたい。

― 同じ内容で何度も発表するなら、手間は省けるし、楽だよね。

― よい研究を多くの人に知ってもらいたい気持ちもわかるけど……

― いくらよい研究だったとしても、同じ研究をあちこちで発表して賞を独占するのは、**機会の公平性**から見てもよくないわ。

― もし何年も同じ研究を続けている場合はどうすればいいの？

― 新しいデータが増えて、目的や考察が変わった場合は、もちろん発表できるわ。でも、データが増えても、目的や考察に変化がない場合は、原則として発表できないわね。つまり、研究として新しいアイデアがあるかないか、同じかどうかを決めるの。

― 同じ研究を続けるときも、つねに新しいアイデアを求めていく必要があるのね。

― 発表でのルール違反を防ぐためには、発表の機会は、あなたにとっても他の人にとっても貴重な機会だと意識することね。

※　　　　　※

― 「聞いた発表内容の扱い」っていうのは、どんな問題なの？

― これは一部の専門学会でも問題になってきているのだけれど、他人の研究の撮影はしないのがルールなのよ。

2.6 研究を発表しよう

- どうして撮影してはいけないの？ 研究成果はできるだけ多くの人に知らせたほうがいいんじゃないの？
- 学術論文として公開されたものは，そのとおりよ。でも，学会での研究発表は，学術論文になる前の未完成段階なの。未完成だけど研究について専門家どうしで意見を交換したい。そんなときに学会で発表するのよ。
- それじゃあ，撮影されたり，インターネットで公開されたりしたら困るわね。
- 困るどころではないわ。インターネットで公開されてしまえば，その研究のオリジナリティはなくなってしまうかもしれないわ。それに，そっくりそのまままねされてしまうかもしれない。
- そんなことがあるの？
- 残念ながらね。最近では，研究発表はするけれど，本当に大事なところは話さないという本末転倒なことも起こっているのよ。
- それじゃあ，学会に行っても自由に議論できないわね。
- くり返すけど，学術論文として公開されたものは，人類の共有財産として広く周知していいわ。でも，学会での発表は未完成の研究成果が多いので，撮影，ましてや本人に了解を得ないでインターネットに公開してはいけないわ。
- 発表での研究ルール違反を防ぐためには，メモを活用することが大事ね。
- そうね。要点をメモするためには，相手の話をよく聞かなければならないけど，写真を撮るなら一瞬なので相手の話を聞く必要がない。そんな形で集めたデータは意外と見返したりはしないものよ。

第 3 章

ケーススタディ
どうしてだめなの？

利香　では，いよいよ研究のルール，研究倫理について学んでいきましょうか。言葉で説明するだけではわかりにくいでしょうから，この章では事例をもとにして，なぜ問題なのかを考えていくわね。

倫太郎　研究のルールには，5つの基本精神と3つの不正行為があったよね。

理子　私は，その話聞いてないわ。みんなも，もう一度，10～12ページのルールを読み直して，私と一緒に考えましょう！

ケーススタディ 1
自分に都合のよいようにデータを書きかえた…

「どうして,うまくいかないんだ……」

ぼくは出江田内造(でえたないぞう)。今,とても困っている。ぼくは,飲み物の中のビタミンCの量を調べる研究をしている。うがい薬のヨウ素と飲み物のビタミンCは酸化還元反応をするので,うがい薬を入れて色が変わらなくなったときの量から,ビタミンCの量を計算できるんだ。

この方法は簡単でよかった。問題は,数値だ。ぼくは,レモンをしぼった汁,料理用レモン果汁,スポーツ飲料,お茶飲料の4つについて,ビタミンCの量を調べたんだけど……

表1 ビタミンCの量(水溶液100 g 中)

	ラベルなどの値	ぼくが調べた値
レモンをしぼった汁	100 mg	150 mg
料理用レモン果汁	5.7 mg	10 mg
スポーツ飲料	200 mg	242 mg
お茶飲料	157 mg	320 mg

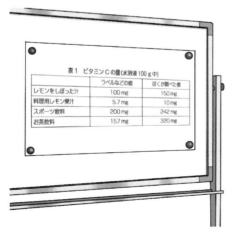

どうだい？　すべての実験で，ラベルやネット・本に書いてあった値は，ぼくが調べた値と違うんだ。この値は，全部10回の平均値だ。毎回の値に大きな違いはないから，実験はちゃんとできていたと思う。
「でも結果はこれだ。どうしてなんだろう」
　ぼくは，声に出してみた。何かよいアイデアが浮かぶかと思ったけど，もちろんそんなことはない。ぼくは，もう一度数値を見直した。スポーツ飲料は1.4倍，レモンは1.5倍，料理用レモン果汁は1.7倍，お茶飲料は2.0倍か。ちょっとずつ違うんだよな。
「……もし，この値がそれぞれちょっとずつズレたら，どうなるかな？」
　ぼくは，いくつかの数値を書きかえて計算してみた。おお！……しばらく表計算ソフトで割ったり掛けたりした結果，4つの水溶液の違いが，すべて1.6±0.5倍のズレに収まるよう，数値を書きかえることに成功した。
「これで，実験の値のズレは，実験操作のズレってことで話がスッキリする。ぼくは悪いことはしていない。もともとの実験操作のズレをわかりやすくしただけだ」
　ぼくは，自分にそう言い聞かせてレポートを書き始めた。

■ どう考えればいい？

利香　ふたりはどう思う？

倫太郎　これはダメだな。

理子　ええ。ダメね。

利香　どこがダメだと思うのかしら？

倫太郎　数値を勝手に書きかえたら，実験をする意味がなくなっちゃうよ！

理子　内造くんは，自分にとって都合のよい結果になってほしいだけじゃない。

利香　そうね。内造くんのやったことはダメよね。でも，私はそれ以上に残念なの。

ケーススタディ 1　自分に都合のよいようにデータを書きかえた…

倫太郎・理子　どうして？

利香　内造くんは，すばらしいデータをもっていたのに活かせなかったからよ。自分のデータを信頼して，数値が違う理由を考えればよかったのに。同じ理由でズレているなら，値のズレ方が同じになるでしょう。でも，それぞれの値のズレ方が違うのは，それぞれ値がズレる理由が違うからなのよ。

倫太郎　じゃあ，もしかして……

利香　私はこの実験やったことがあるのよ。レモンは天然のものだから，いつも同じ量のビタミンCが入っているわけじゃない。料理用レモン果汁は口が開きっぱなしになるので，最初から多めにビタミンCが入っている。ペットボトルは消費期限が来るまでにビタミンCが減る分を多めに入れている。お茶は……たぶんカテキンが反応をじゃましているのでしょうね。だから，正確に測れないの。

理子　……実験の数値は正しかったんだ。

利香　数値を書きかえる改ざんはやってはいけないことよ。そんなことをしなくても，考察次第で結果の価値が変わることを知っておいてほしいの。科学では，大きな発見は失敗から生まれると言われるわ。

> **判定**　「改ざん」です。
>
> 勝手に数値を書きかえてはいけません。

> **教訓**　予想どおりではない結果には，かならず意味があります。失敗と考えずに，**そうなった理由を考える**ことがよい研究を生むのです。

ケーススタディ 2
いつもよい結果が出る人気者の正体は…

「どうもおかしいぞ」

　ぼくは赤川太郎(あかがわたろう)。ぼくは最近ある疑問をもっている。それは、同じ科学部にいる枝園鐘人(しえんかねひと)のことだ。鐘人は、次々と新しい研究を始めては、すばらしい結果を出してくる。成績も優秀だし、明るくて、話もうまい。みんなのあこがれだ。でも、何かがおかしい。たとえば、鐘人は、うまくいった研究はすぐにやめてしまう。そして、すばらしい結果なのに理科研究賞などに応募することもない。

　あるとき、鐘人は、前々からぼくが興味をもっていた「パスタで作る橋の強度」の研究について発表した。この研究はぼくもやってみたことがあったので、鐘人の結果がこれまでのすべての記録を超えるものだと聞いて、とても驚いた。なぜなら、ぼくは鐘人とまったく同じ設計を試して、全然うまくいかなかったからだ。そこで、鐘人に、作った橋を見せてくれないか聞いてみた。鐘人の返事はこうだ。

　「ああ、あの橋。もう捨てちゃったよ。え？　作るときのコツと言われ

ケーススタディ 2 いつもよい結果が出る人気者の正体は…

てもなあ……，今は別の研究に興味があるから，細かいことは忘れちゃった」

みんなは，鐘人がたくさんの研究をおこなっているから，ひとつひとつはくわしく覚えていなくてもしかたないと思っているようだ。でも，鐘人はいろいろな研究の話は知っているし，話はうまいけど，具体的なことになると，いつもこんな調子なんだ。

そして，ついにその日がやってきた。鐘人の研究を，理科の先生がコッソリ理科研究賞に応募していたんだ。先生は，鐘人のすばらしい才能を評価してほしかったんだろうと思う。けれども，審査員の意見は違った。「この方法で，この結果が出ることはありません。あまりにも結果が異常なので，専門の研究者に照会し，こちらでも同じ方法で確かめましたが，同じ結果は出ていません。もし本当にこの結果が出るなら，費用は出しますので説明に来てください」

先生やみんなに問いつめられた鐘人は，すべてがウソだったことを認めた。彼は，インターネットで調べたやり方の数値を書き換えて自分の結果がいちばんになるようにしていただけだったんだ。

「自分でやってないから，具体的なことは説明できなかったのか……」

ぼくの鐘人に関するナゾは解明されたけど，どうにもスッキリしない。鐘人はなぜこんなことをしたんだろう。

■ どう考えればいい？

倫太郎 データを自分で作っているから，理科研究賞には応募したくなかったのか。

理子 いずれはバレるのに，どうしてこんなことをするのかしら？

利香 努力しないで結果を手に入れたいからでしょうね。たとえば，理子さんはピアノを習っているわよね。もし練習しないで，コンクールで受賞できる演奏ができるとしたら，どうする？

倫太郎 お姉ちゃん，いつも「練習たいへんだー，うまく弾けない」って言っているからうれしいでしょ。

80

理子　倫太郎！……まあ，そういう方法があるなら知りたいです。
利香　じゃあ，替え玉を立ててみてはどうかしら？
理子　ああ！　なるほど！　それが鐘人くんの気持ちなんだわ。
利香　結果を出すには，運も必要よ。でも運を引きあてるためには，やっぱり努力が必要なの。ムダかもしれない努力を続けることで，はじめてよい結果が得られるのよ。そうした経験を積むことが，新しい発見ができるための考え方をきたえるのよ。鐘人くんは，そういう過程をすべて飛ばして，結果だけをほしがったんだと思うわ。
倫太郎　鐘人くんは，人気者だったんだから，ウソなんてつかなくてもよかったんじゃないかなあ。
利香　そうね。でも最初から全部ウソだったわけじゃないかも。ちょっとうまくいった話をしたら，人気者だからこそ期待されて，期待に応えるうちにウソをつくことに慣れちゃったのかもね。

判定　「ねつ造」です。

実際には出ていないデータを作り出したからです。

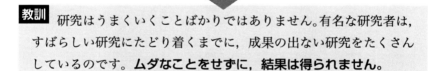

教訓　研究はうまくいくことばかりではありません。有名な研究者は，すばらしい研究にたどり着くまでに，成果の出ない研究をたくさんしているのです。**ムダなことをせずに，結果は得られません。**

ケーススタディ 3
同じことをしている人の結果を借りた…

「ああ！ しめ切りは来週なのに！」
　私は新野真琴（しんのまこと）。来週が自由研究のしめ切りで，悩んでいる。
「まさか帰化植物を見つけるのに，こんなに苦労するなんて！」
　何を研究するか悩んでいたとき，たまたまインターネットで見かけた雑草の帰化率の研究がおもしろそうだと思った。海外から持ちこまれて野生化した植物は帰化植物とよばれていて，環境破壊を知るための目印になるそうなの。私の家の周りの帰化植物を調べて，環境について考えるなんておもしろそうと思ったんだけど……
「インターネットには写真がたくさんのっていたから，私の家の周りにもあるだろうと思っていたのに」
　今年は冷夏の上に日照不足で花はあんまり咲いてないし，研究を始めた時期もよくなかったかもしれない。見つけられた帰化植物は，まだ5種類しかない。これでレポートを書くのは，ちょっと難しいかな。せめ

82

て 20 種類くらいあるといいんだけど。私はぼんやりとインターネットの画面を見ながら考えていた。
「キレイな写真。ここにはこの植物があるのよねえ」
　そのとき私はひらめいた！　そうだ，ネットで探せば，この植物が見られるんじゃない!?
　私は自分の家の近くで画像をアップしている人がいないかを調べた。やった！　となりの市に，帰化植物の写真をたくさんのせている熱心な人がいるじゃない！　これらの画像を使えば「私の家の周りの帰化植物」という研究は完成するわ。どうしてもっと早く気づかなかったのかしら。私は上機嫌になって，鼻歌を歌いながら画像のダウンロードを始めた。
「さすがに説明文まで使うのはダメね。それは自分で調べましょう」
　私は説明文に使える文章を，インターネットで探し始めた。

■ どう考えればいい？

理子　悪気はないでしょうけど……盗むのは悪いってわかってないのね。
倫太郎　自分も苦労しているのに，他人の苦労は想像できないのかな？
利香　インターネットの発達で，私たちは簡単に多くの情報に接することができるようになったわ。だから情報の価値を実感しにくいのかもしれないわね。
倫太郎　インターネットからコピーするって，簡単だもんなあ。
理子　でも，その簡単さの代わりに，真琴さんが失うものはとても大きいことに気づいていないのね。
利香　研究者でも，他人のデータを盗む**盗用**は，最も数が多い違反なの。つまり，このくらいならいいだろうと考えて，楽をしてしまうのね。でも，そうした人たちは，ちょっと楽をした結果，二度と研究ができなくなってしまうことが多いの。簡単だからこそ，絶対にやってはいけないわ。
理子　利香さん。ほかの人の結果を使いたいときはどうすればいい？
利香　そういうときは，どこから借りたのかを明示すればいいわ。これ

ケーススタディ 3　同じことをしている人の結果を借りた…

　　は**引用**というの。でも，引用を自分の研究と言ってはいけないわ。

倫太郎　真琴さんの場合で，写真はAさん，説明文はBさんとCさんみたいなのは……

利香　もちろん，ダメよ。ほかの人の借り物を切り貼りして作ったものは，やっぱりルール違反ね。

理子　真琴さんの場合，どんなふうに引用すればいいのかしら？

利香　たとえば，「私の近所にはこんな帰化植物がいる」という背景説明の部分でお借りすればよかったと思うわ。その帰化植物を真琴さんが見つけられなかったとしても，そういう帰化植物がいるという事実にしたがって考えることはできるでしょう。もちろん，データをどこから借りたかを明示する必要があるわよ。

判定　「盗用」です。

自分のものではないデータを自分のものとして発表したからです。

教訓　インターネットは便利だけど使い方には注意が必要です。検索で出てくる画像や文章には作った人がいます。その人は苦労して画像を撮影したり，一生懸命文章を書いたりして，多くの人のために公開しています。参考にするのはよいですが，それを作ったのはあなたではありません。**自分のデータと他人のデータは明確に区別しましょう。**

ケーススタディ 4
結論に合うようにデータを考えた…

「環境を守るために，私たちも行動しなくてはならないわ」

　私は環境好子（かんきょうよしこ）。環境問題にとても興味がある。地球温暖化のせいで，生物のすんでいる環境はどんどん悪くなっているというテレビ番組を見て，私もそれを証明する研究をしたかった。そんなとき参加した昆虫観察の会で，「地球温暖化のせいで，アブラゼミの数が減っている」という話を聞いた。そこで，私は，公園にいるアブラゼミの数が，この6年間でどう変わったのかを調べた。すると，アブラゼミの数は6年間で320匹から175匹に減っていることがわかった。

　結果をまとめ，「地球温暖化によるアブラゼミの減少」というタイトルをつけた。そして，友人の平環次郎（たいらかんじろう）くんに説明した。
「どう？　環次郎くん。アブラゼミは半分近くも減ってるのよ。たいへんなことだわ」

　熱の入った私の説明を，メモをとりながら聞いていた環次郎くんは，顔を上げると，まじめな顔で私の目をじっと見つめながら，口を開いた。
「好子さん。研究の結果を決めてから，研究を始めるのはよくないよ」
「どういうこと？　アブラゼミは減ってるじゃない。地球温暖化のせいよ」
「うーん」

　環次郎くんは，ペンを置くと天井を見上げ，自分の頭をワシワシとかいてから，もう一度，私の目を見つめた。
「好子さんは，2011年と2017年の数を比べて，45％減ったと言うけど，2012年と2016年の2回は，数が増えているよ。それはどう考えるの？」
「どうって……」
「地球温暖化で環境が年を追うごとに悪化しているのだとしたら，セミの数は6年間減り続けるはずだよね。でも，2012年と2016年はセミ

ケーススタディ4　結論に合うようにデータを考えた…

の数が増えている。この2年間，地球温暖化が改善したわけ？」
「そうじゃないと思うけど……」
「好子さんの考え方でも，2011年と2016年の5年間で比べたら，アブラゼミの数は320匹から400匹に増えていることになるよ」
　環次郎くんは，グラフに定規をあてて，2011年と2016年がつながるようにした（下の右図の点線）。本当だ。2016年までで考えると，アブラゼミの数は増えていると言えてしまう。

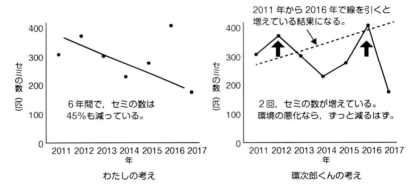

わたしの考え　　　　　　環次郎くんの考え

「で，でも，昆虫観察の会の人は地球温暖化のせいだって言ってたし，テレビでもそう言っていたわ」
「そこだよ。最初から地球温暖化のせいと決めて，それを証明しようとしていると，2016年の数値が変だと気がつかないんだ。アブラゼミの数が減った理由に地球温暖化以外のことがないかどうか考えてみようよ」
「ありがとう。環次郎くん。……そうだ。異常気象はどうかしら？」
「そういえば，去年，公園の植樹がなかったっけ？」
「土を掘り返したのがよくなかったのか……いろんな可能性があるわね」
　私は，もう一度，研究を考え直すことにした。

■ どう考えればいい？

利香　環境好子さんの行動は，どうかしら？
理子　地球温暖化は，私も気になるけど，「誰かが言っていたからこう

なる」と思って研究をするのはあぶないと思う。

利香 そうね。好子さんのいちばん問題点は，「こうなるはず」という思いこみにもとづいて考えたことよ。自分の仮説「地球温暖化がよくない」を証明するために事実を解釈した。それは，**公正**ではないわ。

倫太郎 でも，実験の前には，結果がこうなるという予想が必要でしょ？

理子 予想は合っている必要はないわ。なのに，予想に合わせて結果を考えていることが問題なのよ。

倫太郎 なるほど。ぼくは，好子さんが，2016年の点はグラフの線からとても離れているのに，まったく気にしていないのにビックリしたよ。

利香 ほかの数値とはまったく違う値が出た場合どう考えるのかは，研究では重要よ。データを**客観的**に判断しなくてはならないわ。

理子 好子さんは，自分の仮説に合わない2016年のデータをないものにしてしまったのね。

倫太郎 でも，2016年の値がおかしな値である可能性もあるよね。

利香 日本にはいないけど，アメリカでは13年もしくは17年周期で発生する周期セミがいるらしいわ。当たり年は，たいへんなことになるわよ。

倫太郎 なるほど。どういう値なのかを調べたほうがいいんだね。

「**客観性に欠ける（悪意のない間違い）**」です。

データから判断せず，自分の予想に合うように解釈しているからです。

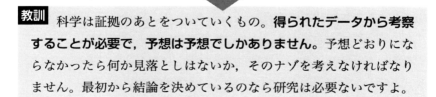

教訓 科学は証拠のあとをついていくもの。**得られたデータから考察することが必要で，予想は予想でしかありません。** 予想どおりにならなかったら何か見落としはないか，そのナゾを考えなければなりません。最初から結論を決めているのなら研究は必要ないですよ。

ケーススタディ 5
同じ発表を何回もしている…

「この発表，見たことあるわ」

　私は心石真実(こころいしまなみ)。研究成果を発表するために研究発表会に来て，優秀賞を受賞したポスターを見ると，このあいだ参加した研究発表会と同じポスターだった。
「確か，これはこの前の発表会でも最優秀賞を受賞していたわね」
　何回も受賞できるなんてスゴイなあ。そう思って発表を聞き始めたけど……
「あれ？　よく見ると，タイトルも画像も，文章も，それに話している内容も同じだわ……」
　私が，そう思っていると，発表している子も私に気づいたようだ。
「あなた，この前も話を聞いてくれたよね？　私のこと覚えてる？」
「え，ええ。覚えているわ。ちょっと聞きたいんだけど……この発表って，この前とまったく同じよね？」
「ええ，そうよ。どうして？」
　その子は不思議そうな顔をした。私は思い切って疑問をぶつけてみた。
「この前から，今日までに新しい結果はなかったの？」
「忙しくて研究が進まなかったの。それで，先生が前回と同じでいいって」
　その子は笑顔でそう言った。まったく同じ発表を，いくつもの研究発表会でおこなってよいのかしら。しかも，同じ発表でいくつもの賞を受賞していいのかしら。お礼を言って，ポスターの前から離れた私に，通りかかった先生の話が聞こえた。
「あの子はとても発表がうまいね。質問への答えもバッチリだ」
　それはそうでしょう。同じ発表を2回もしているんですから。私は，スッキリしない気持ちをかかえて家に帰った。

■ どう考えればいい？

理子 うーん。これはどうなのかしら？

倫太 先生がいいって言っているんだよね？ ぼくなら発表するなあ。

理子 研究倫理で考えると……違反かしら？

利香 そうね。これは研究倫理に違反しているわ。

倫太郎 でも，先生はいいって言ったんでしょ？

利香 この問題は少し複雑ね。なぜなら「同じ発表をしてはいけない」と明文化されていないこともあるのよ。だから，その発表会の規定違反ではないわけ。先生はそれを言っているんでしょう。けれど，前に受賞した研究発表を使い回して，他の発表会でも賞を取るのは，みんなの受賞機会をうばってしまう。公正さに欠けるわ。

倫太郎 でもさ。その研究がほかの研究よりよい研究だったから受賞したんだよ。勝負なんだからいいんじゃないの？

利香 気持ちはわかるけど，発表会で発表するのは賞を取るためじゃなく，発表によって情報を共有して，よりよい研究をするためなの。もちろん，それが高く評価されて賞をもらえればうれしいでしょう。でも，賞を取るために研究するんじゃないことは忘れないで。

理子 それに，ある特定の人たちが賞を独占すると，みんなのやる気がなくなって，発表会そのものの活気がなくなってしまうものね。

利香 なんのために研究発表するのか，もう一度考えてほしいところね。

> **判定** 「公正さ」に欠けます。
>
> 研究の進展でなく，賞をとるという利益を優先しているからです。

> **教訓** たとえ違反でなくても，**同じ内容を複数の場所で発表するのはやめましょう**。ひとつの研究で，ひとつの賞が取れれば十分です。賞を独占すれば利益を得られるかもしれませんが，みんなのやる気が失われ，ゆくゆくはあなたと語り合う友もいなくなります。

ケーススタディ 6
研究記録を見ても同じことができない…

「具体的な内容を知りたいの。観察記録を見せてくれない？」

　ぼくは内染喜六（ないぞきろく）。飼っていたヤマトヌマエビが卵を産んだので，この卵の成長を研究することにした。ヤマトヌマエビは，淡水と海水が混じる汽水域で育つので，卵から育てるのが難しいと聞いたからだ。簡単に成長させる方法ができれば，きっと役に立つだろう。

　研究は，とてもうまくいって，普通の食塩を使った食塩水で大人まで育てることに成功した。すばらしい結果だ。そこでぼくは，飼育仲間である蕪城保子(かぶらぎやすこ)さんに説明したんだ。
「その結果って，本当なの？」
「もちろんだよ！　この方法で，保子さんも育てられるよ！」
　ぼくは自信満々だったけど，保子さんは難しい顔をしたまま言った。
「喜六くんと同じ方法で育てたけど，うまくいかなかったの……」
「食塩水の濃度が重要なんだよ。成長に合わせて，濃度を変える必要があるんだ」
「そうなの？　どんなふうに変えればいいの？」
「最初は濃いめ。大きくなるにしたがって，だんだんうすくって感じかな」
　なんでだろう？　保子さんの顔はさっきより難しくなった。そこで，さっきの質問をされたんだ。
「具体的な内容を知りたいの。観察記録を見せてくれない？」
「いいよ。はい，これ」
　ぼくは観察ノートを保子さんに渡した。ノートを開いた保子さんは，あきれた顔をすると，すぐにノートを返してきた。
「喜六くん。ここには何も具体的なことが書いていないわ」
　ぼくはノートを見返してみた。ノートには，こんなことが書いてあった。

| 1日目　ふ化　しお4つまみ。5日目　元気　水ちょっと足す。10 |

> 日目　元気　水ちょっと足す。18日目　元気　水ちょっと足す。(日付はない)ヤマトヌマエビが大人になった！

「喜六くんを疑うわけじゃないけど，この記録からは，あなたがヤマトヌマエビを育てるよい方法を見つけたとは言えないわね」

　そんな……せっかくがんばったのに！　でも，あらためてノートを見てみると，この研究をもう一度うまくできる自信はないな……

■ どう考えればいい？

理子　倫太郎は耳に痛い話ね。いつも字が汚すぎて読めなくて困っているもの。

倫太郎　うるさいな。記録はちゃんととっているんだよ。……読めないことがあるだけで。

利香　倫太郎くん。**研究記録**を軽く見てはいけないわ。その記録だけが，あなたが研究をしていたという証明なんだから。もし，同じ発見を同時に発表することがあったら，**実験ノート**の日付で，どちらが先に見つけたのかが決まるのよ。記録はとても大事だわ。

倫太郎　えっ!?　研究の記録ってそんなに大事なの？

利香　そうよ。だから記録は正確にとらなくてはいけないわ。あとで読めないのも，もちろんダメ。

倫太郎　むむむ。

利香　それと，書き直しによる**改ざん**を防ぐために，書き直しができないペンで書くのが普通よ。

倫太郎　書き直さないということは，間違っても修正液を使ってはダメだね。

理子　私は実験ノートじゃなくて，パソコンに記録しているんだけど，これは大丈夫？

利香　電子データは日付を変えることも簡単だから，証拠にはならないわ。まず実験ノートに記録して，それを電子化するほうがよいでしょ

ケーススタディ 6 研究記録を見ても同じことができない…

うね。

理子 そうなんだ……。ねえ，利香さん。喜六くんは，どんなことを記録すべきだったの？

利香 そうね……。たとえば，ふ化した日，水を足したりエサをやったりした日時，水の量，食塩の量，水温，気温，ヤマトヌマエビの個体数や体長かしらね。

倫太郎 すべての体長を調べるのは難しいんじゃないかな？

利香 できればおおまかな平均値がわかるといいんだけど，生物観察だと難しそうね。たとえば，私なら，1回に3匹以上，できれば10匹くらいの体長を毎日はかって，その平均値を使うかな。このとき，あまり大きいものや小さいものは避けることが大事よ。

理子 なるほど。研究対象によって，記録のやり方も変えていく必要があるのね。

判定 「記録の不備」もしくは「ねつ造」です。

実際にやったことを確認できない。再現性がないからです。

教訓 **なんのために記録をとるのかをよく考えましょう。** 記録のとおりに実験や観察をすれば，あなたも私もほかの誰でも同じことができなければならないのです。悪意があるかどうかとは関係なく，「記録の不備」，あるいは厳しく「ねつ造」と言われても反論ができません。

ケーススタディ 7

データは結果と矛盾するけれど…

「ミネラルウォーターのpHが強アルカリ性になるのはおかしいよ」

　ぼくは曽忽倫也（そこつみちや）。ぼくの研究は，今まさに否定されたところだ。ぼくは，アントシアニンをつかって身近なもののpHを調べる研究をしていた。アントシアニンは，ムラサキキャベツやソライロアサガオなどいろいろな植物からとれる色素で，pHによって色が変わることが知られている。だいたいだけど，強酸性が赤，酸性が桃色，弱酸性〜中性が紫，弱アルカリ性が青，強アルカリ性が緑という感じだ。

　台所にあるものについて調べていて，マグネシウムを多くふくむミネラルウォーターをはかったら，なんと緑色になったんだ！　つまり，強アルカリ性だ。そこで，ぼくはミネラルウォーターのラベルを見た。pH 8と書いてある。

「pHが8ならアントシアニンの色は青紫になるはずだ。このラベルは間違っているな」

　ぼくは，新たな発見をまとめて，研究発表会で発表した。すると，大学の先生が質問してきたので，ぼくはこれまでの内容を説明した。そこ

93

ケーススタディ 7　データは結果と矛盾するけれど…

で言われたのが最初の言葉だ。
「でも，確かに緑色なんです！　この写真を見てください！」
　ぼくは，緑色になったアントシアニンの写真を指さした。先生は写真を確認して，うんうんとうなずいたあと，ぼくの方を向いた。
「なるほど。確かに緑色だ。だけど，私は色を疑っているわけじゃない。ミネラルウォーターが強アルカリ性ではないという客観的な証拠を，きみが見のがしていると言っているんだ」
「アントシアニンが緑色になっているのは証拠じゃないんですか？」
「ひとつの結果だけで判断するのは危険だということだよ。ミネラルウォーターのラベルには pH は 8 だと書いてあった。きみはミネラルウォーターを飲んでもピンピンしている。この結果から，ミネラルウォーターの pH はラベルの値が正しいと判断できる。では，なぜ緑色になるのか？　つまり，pH 以外の原因があるんじゃないのかい？」

■ どう考えればいい？

倫太郎　そうかあ。いろいろな方法ではかって比べなきゃいけないんだな。

理子　何を感心しているのよ。うまくいっているときほど注意しなければならないのは研究の常識じゃない。

利香　理子さんは研究熱心ね。倫也くんの問題は，自分の研究に対する否定的なデータを無視してしまったことね。

理子　ミネラルウォーターが強アルカリ性だったら飲んだりできないとは思わなかったのかしら？

倫太郎　うまくいったと思うと，まわりが見えなくなっちゃうんだよね。ぼくもよくある。

利香　ふたりだったら，同じ状況でどうすると思う？

倫太郎　ぼくだったら……難しいな。そうだな，強アルカリ性の水溶液の色と比べてみるかな。あとはミネラルウォーターの製造会社に聞いてみるとか。

理子　私だったら，ミネラルウォーターにお酢を加えるわね。

倫太郎　お酢!?

理子　もしミネラルウォーターが強アルカリ性だったら，お酢を少しずつ加えれば，だんだん中性に近づいて青から紫色に変わるはず。色が変わらなければ，この色の変化は pH が原因じゃないはず。

利香　さすがね，ふたりとも。自分の結果を否定するデータについてよく考えて，それを確認する実験方法を考えたわね。倫太郎くんの，色を比べるのはよい方法だと思う。ただ，残念ながら，この場合は色の違いでは区別できないの。そこで，理子さんの方法が使えるわ。pH を変えても色が変わらなければ，強アルカリ性ではないことが証明できるわね。

理子　それで結局，なんで色が変わるの？

利香　ミネラルよ。アントシアニンはミネラルでも色が変わるの。花が色とりどりなのはミネラルの力もあるのよ。不思議よね。

判定　「客観性に欠ける（悪意のない間違い）」です。

ミネラルウォーターのラベルに記載された pH を根拠なく否定して，自分の結論に合うように pH を変更してしまったからです。

教訓　あなたの結論にとって都合がよくないデータや説明については，慎重に考えなければなりません。それが誰も予想がつかないことなら，スゴイ研究である可能性もあります。そうでなくても，知らなかったことを勉強するよい機会です。**自分にとって都合の悪いときほど，なぜそうなるのかをよく考えましょう。**

ケーススタディ 8

わざと間違えたんじゃない…

「……というわけで、ぼくはイースト菌のアルコール発酵のときに、途中で砂糖をさらに加えると、イースト菌が活発になったと考えているんだ。それは、このグラフで見るとよくわかるよ。アルコール発酵の結果、発生する二酸化炭素量が増えてるんだ」

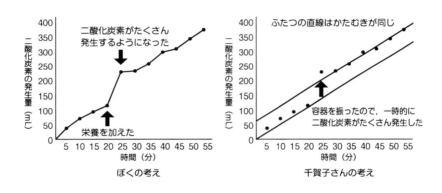

ぼくは、取違太郎（とりちがえたろう）。イースト菌の自由研究で賞を受賞したぼくは、研究内容を発表することになった。ぼくの研究は、イースト菌のアルコール発酵、つまりパンをふくらませる研究だ。この研究で、もっと早くパンをふくらませることができるようになれば、パンを作る企業もこの方法を使うようになるかもしれない。ぼくは、得意になって、友人の林崎千賀子（はやしざきちかこ）さんに説明していたところだ。でも、話を聞いたあと、千賀子さんは不思議そうな顔をしてこう言った。
「本当に途中で栄養を加えると、二酸化炭素の発生量が増えているのかしら？」
「どうして？」
「グラフをよく見て。太郎くんのグラフでは、栄養を加えた20分から次の5分間にたくさん二酸化炭素が発生したから、イースト菌の活動

が活発になったと考えているのよね？」
「そうだよ」
「でも，グラフの傾きは20分から25分の間以外は同じように見えるわ。砂糖を加えたあと，何か操作をしなかった？」
「……確か，砂糖を溶かすために容器をよく振ったけど」
「じゃあ，容器を振ったことが，二酸化炭素の発生量が増えた原因なんじゃないかしら」

　千賀子さんの説明を聞いて，ぼくは真っ青になった。どうしよう！あやまった内容の発表をすることになってしまう。でも，待てよ……どっちにしても二酸化炭素の発生量が増えたという結果は同じじゃないか。
「千賀子さん，ありがとう。でも，二酸化炭素の発生量が増えた結果は変わらないし，そのときのぼくは，これが正しいと考えていたんだから，このまま発表するよ」

　千賀子さんは，ビックリした顔をした。
「えっ!?　でも……」
「発表してから実験で確めるよ。もし違ってたら，あとで訂正する」

■ どう考えればいい？

利香　取違太郎くんの行動は，ルール違反になるかしら？

倫太郎　ぼくは，太郎くんの行動は，間違っていないと思う。だって，そのときは正しいと思っていたんだ。予想は間違ってもいいんだし，結果的に間違っていたかどうかは問題じゃないよ。

理子　私は，太郎くんの行動は間違っていると思う。太郎くんは，正しい研究の方法，つまり栄養を添加しない実験と比較したり，複数回の実験結果から考えることをしていないもの。

利香　私はグラフの傾きが同じってところが気になるかしら。

倫太郎　傾きが同じだと，何が問題なの？

利香　千賀子さんも言っているように，グラフの傾きが同じということは，二酸化炭素が発生する速度は砂糖を加える前後で同じというこ

ケーススタディ 8　わざと間違えたんじゃない…

となの。もしイースト菌の活動が活発になったのだとしたら，グラフの傾きがもっと大きくなるはず。太郎くんは折れ線グラフにしていたから気づかなかったんでしょうね。

理子　データを客観的に考えるのが足りなかったということ？

利香　そう。それに，間違っているとわかっている発表をして大丈夫なのかしら？　みんなが太郎くんの発表を信じたあとで，簡単に訂正できるかしらね。それに，みんなが太郎くんの言ったことを正しいと思って研究をしたらどうなるかしら？

理子　誰も同じように再現できないわ。

倫太郎　太郎くんはウソつきになってしまう！

利香　わざとじゃなくても，間違った方法を広めることはよくないわ。自分はよくても，多くの人に迷惑をかけてしまうかもしれないもの。

判定　「公正さ」に欠ける態度です。

結果が間違いだとわかっていながら訂正していないからです。

教訓　わざとではなかったとしても，**間違いだとわかったら，訂正しなければいけません**。間違ったことを知っていながら訂正しないのは，ウソをついているのと同じであり，「ねつ造」とみなされることもあります。

ケーススタディ 9

成果がぼくのものじゃないって…

「そのアイデアは、きみのものだったと考えているのかい？」

先生は厳しい顔をして、そう言った。ぼくは藤子正義（ふじこまさよし）。研究成果の発表について、学校からよび出されて怒られている。どうしてなんだ。納得がいかない。

ぼくは、大学でおこなわれている科学者育成プログラムに参加して、大学教授の指導を受けながら科学研究をしてきた。そして、その結果を、理科研究賞に応募して、最優秀賞を受賞したんだ。スゴイでしょ？

問題は、ここからだ。じつは、ぼくがやっていた研究は、教授が進めていた新しい研究の一部だった。それは特許を取得できるような研究で、つまり、この研究を公表するタイミングはとても重要だった。

確かに、研究を始める前に、ぼくはそれについて説明されていたし、研究内容の秘密を守ることを約束する文書も出していた。でも、研究をしたのはぼくだ。教授が進めている研究全部を公開するわけじゃない。ぼくがやったことを、ぼくが応募することは問題ないはずだ。そう考えて、応募することを誰にも伝えていなかった。すばらしい結果だったので、最優秀賞を受賞し、新聞やテレビでも紹介された。ぼくは得意だった。

そんなある日、教授によび出された。教授から「きみが約束を破って研究内容を公開したため、特許取得はとても難しくなった。また、研究を学術論文誌に投稿することも難しくなった。これは重大な問題だ。きみは、もうこの研究を続けることはできない」と告げられた。ぼくは納得がいかない。ぼくが自分でやった研究について、ぼくがどうするかはぼくが決めるべきだ。「ああしろこうしろ」と指示をしていただけの教授ではなく、ぼくが。

そして、今、ぼくは学校でも怒られている。てっきり最優秀賞受賞をほめてもらえると思ったのに。ぼくの主張に対する先生の言葉が、最初の言葉だ。

ケーススタディ 9 成果がぼくのものじゃないって…

　誰のアイデアかって？　そりゃ、ぼくじゃないけど、実験をしたのはぼくだ！

■ どう考えればいい？

倫太郎　ううん。言っていることはわかるけど、これは、ちょっと……

理子　指導してくれた先生に対して尊敬や感謝がぜんぜんないわね。

利香　研究が誰のものかと言えば、もちろん、その研究を考えついた人のものよ。守秘義務まで結んでいたのに、勝手に研究成果を公開したことは許されないわね。

倫太郎　利香さん。いつもより厳しいね。

利香　それはそうよ。正義くんが勘違いしているのは、正義くんは「教授の研究を手伝っている」のであって、「正義くんの研究をしているのではない」ということよ。もし正義くんが、自分自身ですべてを決めたいのだとしたら、研究テーマから自分自身で考えなければならなかったわ。

倫太郎　でも、お手伝いだったとしても、研究する人のアイデアや方法も大事なんじゃないの？

利香 もちろん、そうよ。でも、研究テーマになるような有望なアイデアが生まれることなんてめったにないの。科学者だって、思いつくアイデアを全部試しても、ほとんどはうまくいかないのよ。正義くんがうまくいったのは、そうした教授の苦労があって「うまくいく方法」ができたからなのに、まるで自分だけでうまくやったように言われたら悲しいわ。

理子 正義くんが教授に相談していれば、発表できるようにしてくれたかしら？

利香 どうかしら？ 特許を取るために成果を発表できないというのは、この世界ではよくあることだから。だから、普通は部外者をこういう研究には入れないのだけれど、教授はずいぶん正義くんを信用していたのね。

理子 それが裏目に出て、正義くんは自分の力を過信しちゃったのかしら。

利香 だとしたら残念だわ。もしかすると、他の子がこの大学で研究をさせてもらえるチャンスがなくなってしまったかもしれないもの。

> **判定** アイデアや他者への「尊敬の念」に欠ける態度です。
>
> アイデアは考えついた人のものだからです。また、さまざまなアドバイスを受けている以上、自分だけの研究ではありません。

> **教訓** **他者への尊敬の念をもつことが重要です。**研究の労力の6割以上はテーマを見つけるために使われるといわれます。よい研究テーマを見つけるのはそれくらい難しいことなのです。ノーベル賞が、最初にアイデアを出した人に与えられるのは、それが理由です。うまくいく方法やアイデアを教えてもらったのなら感謝し、その人の労力に報いることを考えなければいけません。

ケーススタディ 10
その研究は道義に反している…

「生き物を死なせる研究?」

　ぼくは盛名凜利(せいめいりんり)。今聞いている研究に,ちょっと問題を感じている。両生類の一部は足がなくなっても再生することが知られている。そのため,足を切断し,足が再生する速度を調べた研究は見たことがあった。でも,この研究は,その再生を起こさないようにする研究なんだ。具体的には,足を切断したイモリに,ビタミン剤をたくさん注射すると,足の再生が起こらず,弱って死んでいくというものだ。

　生き物を死なせる研究ってどうなんだろう。ぼくは,どうしてイモリを死なせなくてはならないのかを知りたくて,質問した。
「あの。ビタミン剤の量は,どうやって決めているんですか?」
「人間の必要量から計算で求めて,その5倍量にしました」
「でも,人間と両生類とでは,必要としているビタミンが違いますし,ビタミンの体内での使われ方も同じじゃないですよね? 人間の量を基準にして大丈夫なんですか?」
「わかりません」
「えっ?」
　……わからないって。ビタミンでイモリが死んでるかもしれないのに?
「じゃあ,ビタミン剤はどうして注射しているんですか? 普通は口から入れると思うんですけど」
「口から入れると,はき出すと聞いたからです」
「確かめてみたんですか?」
「はき出すと聞いていたので,確かめていません」
　どの質問にもニコニコとして答えるけど,なんとなく不安を感じた。注射はとても難しい方法だと思う。人間だとお医者さんのように特別な知識や経験が必要なのに,そんな簡単な理由で注射して大丈夫なのか

な？

「足の再生が起こらないのはわかりましたが，再生しないことと死ぬこととは関係あるのでしょうか……。なぜ死んでしまうと考えていますか？」

「わかりません。ただ，エサをだんだん食べなくなっているので，そのせいじゃないかと思います」

　イモリがどうして死ぬかもわからないまま，殺し続けている？　ぼくはどうしても言わずにはいられなかった。

「あの，話を聞いていると，この研究は原因がわからないまま，イモリを殺し続ける研究ですよね。イモリが死んでしまうと，あなたが調べたい再生させないという点についてもわからないので，まずイモリを殺さない方法を考えたほうがよいと思うんですけど……」

「そうなんですか？　でも，どのイモリも死んでしまうので」

　なぜイモリがどんどん死んでいくのに疑問をもたないんだろう。ニコニコしている発表者が怖くなって，お礼を言ってポスターの前を離れた。

■どう考えればいい？

倫太郎　発表者は，まったく研究について話し合いができてないね。

理子　なんというか，それ以前の問題な気もするんだけど。研究についてまったく調べてないんじゃないかしら。だからイモリが死んでしまうんじゃないかな。利香さん。こういう研究をやっていいの？

利香　生き物を扱う研究をするときには生命倫理的に守らなければならない約束があるわ。いくつかの指針を紹介するわ。

「動物の愛護及び管理に関する法律」（昭和48年法律第105号）
「実験動物の飼養及び保管並びに苦痛の軽減に関する基準」
　（平成18年環境省告示第88号）
「研究機関等における動物実験等の実施に関する基本方針」
　（平成18年文部科学省告示第71号）

ケーススタディ10　その研究は道義に反している…

利香　ここで大事なことは3つ。**動物を使わない方法を考える，使う動物はできるだけ少なく，動物に必要のない痛みを与えないようにする**，ね。ただ，これらで決められているのは，哺乳類，鳥類，は虫類だけなの。両生類や魚類，昆虫などは入っていないわ。

理子　じゃあ，この研究は問題ないの？

利香　指針上はね。ただ，この研究にはもっと大きな問題があるわ。発表者は「ビタミン剤が足の再生をじゃまする」ことに注目しすぎて，「イモリは生きている」ことを忘れている。ビタミン注射をしないイモリは足が再生し，ビタミン注射をしたイモリは再生しない。この主張をするには，どちらのイモリも生きていなくては比べられないわ。死んでしまったということは，足が再生しなかったのは注射で弱ったからかもしれないでしょ。その点を指摘した凜利くんと話し合いもできない。ここが問題なのよ。

倫太郎　ぼくらもイモリが死ぬという部分に注目しすぎていたかも。

理子　モヤモヤした原因はそこだったんだわ。再生を調べたいはずなのに，再生を調べられていないという点が問題だったのね。

利香　いずれにしても研究対象を殺す研究は，すすめられないわ。殺す研究より，生かす研究をしてほしいのが科学者としての意見ね。

判定　倫理違反ではないが望ましくありません。

生き物を殺すことが手段となる研究を進めるには，慎重な判断が必要であり，重大な社会的意義がなければなりません。

教訓　殺す研究よりは生かす研究を考えます。人間の幸福実現のために，他の生物が死ぬまでの時間を測る研究も存在します。しかし，今あなたがそういう研究を積極的に選択する理由はありますか？ 生命倫理や研究倫理に違反しなくても，**殺す研究はできるだけさけましょう。**

ケーススタディ 11
友だちとまったく同じ研究テーマだけど…

「きみは，友だちの研究テーマを盗んだんだ。それでいいのか？」

　先生の厳しい言葉にビックリした。私は校條理花子（めんじょうりかこ）。私の入っている理科部では，毎年，全国理科研究賞に応募している。ただ，応募できる作品はひとつだけなので，毎年，理科部全員が研究内容を発表して，いちばんよいものを応募することになっている。今年こそ，なんとしても選ばれたい！　私はどんな研究にしようか，悩みに悩んだ。本を読んだり，インターネットで調べてみたり……
「ここに出ているものを，そのままやってもダメなのよね」
　そこで，私は友だちの来須理衣（くるすりい）ちゃんに聞いてみた。
「研究テーマどうしようかなあ。理衣ちゃんは，もう決めてるの？」
「私は植物の光屈性（ひかりくっせい）を調べようと思っているの」
　理衣ちゃんはニッコリ笑った。光屈性？
「植物って，光に向かって成長するじゃない？　あれを光屈性というの。じつは，この前，お母さんが豆苗を買ってきてね……」
　話を聞くうちに，私は理衣ちゃんの研究に夢中になった。理衣ちゃんと別れて，家に帰ってからも，光屈性の研究が頭から離れなかった。そこで，ふと思った。理衣ちゃんが思いついたのと同じことを，私が思いついてもおかしくないよね？　それに，とてもおもしろい研究なんだから，みんなで共有してもいいよね？
　研究発表の当日，私は植物の光屈性の研究を発表した。理衣ちゃんの発表前だったこともあって，先生もふくめて，みんなが研究のオリジナリティの高さと完成度をほめてくれた。まだ理衣ちゃんたちの発表が残っているのに「今年の応募作品は決まりだな！」という男子まで現れて，私はちょっと得意になっていた。でも，理衣ちゃんは悲しそうになって，最後には泣きながら教室を飛び出していった。
　残された理衣ちゃんの発表資料のテーマが，私とまったく同じだった

105

ケーススタディ 11　友だちとまったく同じ研究テーマだけど…

ことに気づいた先生に聞かれるまま，私はなぜこの研究を始めたのかを説明した。そのとき，先生に言われたのが，最初の言葉だ。
「盗んだって!?　理衣ちゃんの研究だって，誰かの研究を参考にしているでしょ？　私も理衣ちゃんの研究を参考にしただけです。盗んでなんかいません！」
　先生は，私の目をじっと見つめて，ゆっくりと話し始めた。
「その研究を始めたきっかけは，来須さんに聞いたからだろう？　それに来須さんと同じ研究方法なのも，来須さんに聞いたからじゃないのかい？」
「そ，それは……でも……」
「来須さんの気持ちを考えてみたかい？」
　先生は，とても悲しそうな顔だった。まわりのみんなも同じような顔をしている。どうして？　理衣ちゃんは友だちよ。私，そんなつもりは……
「もし，きみが研究を始める前に，来須さんとよく話し合っていれば，きみたちはふたりで，もっとすばらしい結果を得ることができたかもしれない。そうは思わないか？」

■ どう考えればいい？

理子 理衣さん，かわいそうだわ。まさか，友だちが自分の研究をとっちゃうなんて思わないもの。

倫太郎 理衣さんの研究がおもしろそうだと思った理花子さんの気持ちはわかるなあ。おもしろいと思うと自分でもやりたくなるよ。

理子 私は先生の最後の言葉が大事だと思うわ。理衣さんと話し合えばよかったのに。いろいろな植物の光屈性ということで，ふたりで違う植物を調べれば，とってもよい研究になったと思うわ。もちろん，理衣さんの研究だから，理花子さんはお手伝いになるけど。

利香 「ほかの人の研究を参考にする」というのは，あくまでも手がかりとして使うことであって，まねするわけじゃないのよ。

理子 たとえば，光屈性から植物の「屈性」に注目して，重力屈性や接触屈性の研究をすれば参考と言えるかしら？

倫太郎 それなら理衣さんの研究とも重ならないね！

利香 そのとおりよ，理子さん。それに植物の屈性をいろいろな角度で調べる研究となれば，理科部全員の研究にもなるかもしれないわね。研究はどんどん広がっていったかもしれない。

倫太郎 でも，そうはならなかったんだ。

理子 参考にすることとまねすることが区別できなかったために，みんなが悲しい思いをすることになっちゃったわね。

判定　**「盗用」です。**

研究のアイデアはそれを考えた人のものだからです。とくに未発表の研究を自分のものとして発表してはいけません。

教訓　**そのアイデアは誰のものかをよく考えましょう。**よいアイデアだと思うのであれば，コミュニケーションしましょう。黙ってまねるのとは違って，話し合えば，きっと新しい何かが見つかります。

第4章

シミュレーション
あなたならどうする？

利香　第3章では，研究ルールが問題になるいろいろな例を紹介したわ。そこで，この章では，実際の場面で，自分ならどうするのかを考えてみて議論するわよ。

理子　いざ，自分が同じ状況になったとき，ルールを守れなくては意味がないものね。さあ倫太郎，やるわよ！

倫太郎　よーし，研究倫理を守れるように，しっかり考えるぞ！

※ 126ページから，それぞれのシミュレーションについて解説しています。まずは自分で考えたり，友だちと話し合ったりしてみてから，解説を読んでください。

シミュレーション1 必要なことを記録していなかった！

　あなたは，ペットボトルロケットの研究をすることにしました。ペットボトルロケットとは，炭酸飲料のペットボトルに水を入れて，自転車の空気入れで空気を入れて飛ばすロケットです。発射台やペットボトルと空気入れをつなぐ部品は売っているので，あなたはそれを使って，ペットボトルのメーカーや商品による飛距離の違いを調べることにしました。

　10種類以上のペットボトルを用意して発射実験をおこなっていたある日，あなたは大きなミスに気づきました。ペットボトルロケットを飛ばすことに夢中になっていて，それぞれの飛距離以外，何も記録をしていなかったのです。より遠くに飛ばすために，それぞれのペットボトルロケットについて水の量や空気を入れる回数を工夫しましたが，それらはいっさい記録していません。このままでは，研究目標である飛距離の違いを比べることができません。

　そこで，あなたはひらめきました。飛距離以外の数値は全部同じだったことにすれば，飛距離の違いを比べることができるのです。水の量や空気の量によって，飛距離は変わりますが，いちばんよく飛んだ条件さえわかっていれば，それより飛ばない条件について細かく検討する必要はないでしょう。

あなたならどうする？
　水の量や空気の量が違うかもしれない結果を，水の量と空気の量は同じだとして研究をまとめてもよいでしょうか？　何か問題が起こるでしょうか？

シミュレーション2　そこまで言えるの？

　あなたは，お母さんとパン作りをしているときに，どうしてパンがふくらむのか疑問をもちました。インターネットで調べると，イースト菌が糖から二酸化炭素を作るためであることがわかりました。そこで，あなたは，イースト菌が二酸化炭素を出す量について研究することにしました。

　研究方法は，パン作りの工程をそのまま生かして，パンがふくらむ体積で調べます。あなたは，パン種を冷蔵庫と台所に置いて，1時間ごとに体積を調べました。その結果，パン種は台所に置いておくと，冷蔵庫と比べて，3時間で3倍大きくふくらむことがわかりました。

　次に，あなたは，パン種をボウルにいれて，お湯につけました。お湯の温度は火傷しないように40℃にしています。同じように調べた結果，40℃では，台所に置いておくより3時間で2倍大きくふくらみました。

　あなたは，この結果をまとめて，「イースト菌は，温度が高いほど二酸化炭素をたくさん出す」と報告しました。すると，それを聞いた人から質問されました。

　「もし温度が高いほどたくさん二酸化炭素を出すのなら，パンを焼くときにパンがパン焼き器からはみ出るくらい，どんどん大きくならないのはなぜですか？」

あなたならどうする？

　あなたは，質問にどのように答えますか？　イースト菌は，温度が高いほどたくさん二酸化炭素を出すという，あなたの結論には，何か見落としがあるのでしょうか？

シミュレーション 3 インターネットで見た研究をやってみた！

　どんな研究をするのか悩んでいたあなたは，インターネットで見つけた研究を自分でもやってみることにしました。それは「フルーツ電池」です。

　フルーツ電池は，レモンが有名で，レモンに亜鉛板と銅板を刺して，電子ブザーをリード線でつなぐと，ブザーがなるというものです。インターネットには，レモンの代わりに，ミカンなどの柑橘類でもできると書いてあったので，あなたは，柑橘類電池として，温州ミカンやイヨカンやオレンジで，レモンと同じように実験することを計画しました。

　しかし，レモンと同じように1個を半分に切って金属板を刺してもブザーは鳴りませんでした。温州ミカンもイヨカンもオレンジもダメでした。インターネットではできることになっているのに，できないのです。このままでは，柑橘類電池として発表できません。

　そんなとき，ふと思いました。音が鳴ったかどうかは，写真では見えないのです。あなたが，音が鳴ったと言えば，柑橘類電池の研究は完成します。あなたはうまくいきませんでしたが，インターネットにできると書いているので，できないはずはないのです。いずれは成功するという話を，少し先どりするだけです。

あなたならどうする？

　インターネットではうまくいっているので，あなたもうまくいったように書いてよいでしょうか？　どんな問題が起こりうるでしょうか？

シミュレーション 4 どうやってそれが正しいと決めたの？

あなたは天体の運行に関心があります。あるとき「星占いとは天体の運行が人間にあたえる影響をまとめた学問であり，科学的に正しい」という話を聞き，星占いがどのくらい正しいかを研究することにしました。

あなたは毎朝，テレビで星占いを記録し，寝る前に記録を見ながら，その日の行動を思い出して，星占いがどのくらい当たったかを，「当たった」「まあまあ当たった」「あまり当たらなかった」「当たらなかった」の４段階で記録しました。

１か月間，毎日記録したところ，星占いが当たった日が８日，まあまあ当たった日が18日でした。ほとんど当たらなかった日と当たらなかった日はあわせて４日です。次の計算で，星占いの正しさを決めました。

$$星占いの正しさ(\%) = \frac{当たった日＋まあまあ当たった日}{30日間} \times 100$$

計算の結果，星占いの正しさは約87％になりました。あなたは，「人間の活動は天体の影響を受けていて，星占いは，天体の運行と人間の関係を正しく示している。その正しさは約87％である」とまとめました。

それを発表したところ，次の質問を受けました。

「その研究で最も大事なのは，星占いが正しいかどうかを決めるところだと思います。あなたはどういう基準で星占いが正しいかどうかを決めましたか？」

 あなたならどうする？

星占いが正しいかどうかは，１日をふりかえって決めていました。この方法には問題があるでしょうか。あなたは質問にどのように答えますか？

シミュレーション 5 はかり方を間違えてしまった！

あなたは，科学研究力を競う大会に出場しました。研究力を競う課題は以下のようなものです。

> 複雑な形をした5つの物体が〈表1〉のどの金属でできているかを，60分以内に決めよ。

金属の基本的な性質は示されています。そのなかの密度について表1に示しました。あなたは，物体の密度を決め，この値をもとにその物質が何なのかを調べることにしました。

〈表1〉 物体A～Eは，それぞれいずれかの金属である

	密度(g/cm^3)	色
ニッケル	8.9	銀色
銅	8.96	茶色
マンガン	7.44	銀色
亜鉛	7.14	銀色
スズ	7.31	銀色

密度を決めるためには，体積と質量をはかる必要があります。質量は電子天秤で0.1g単位ではかることができます。また，複雑な形の物体の体積は，水を入れたメスシリンダーに物体をしずめ，メスシリンダー内の水がふえた体積から求めることにしました。5つの物体について，

〈表2〉 あなたがはかった体積と質量

	体積(cm^3)	質量(g)	密度(g/cm^3)
物体A	3	26.7	9
物体B	3	26.8	9
物体C	3	22.2	7
物体D	3	21.6	7
物体E	3	22.7	7

それぞれ10回ずつ体積と質量をはかって平均をとった結果が〈表2〉です。

ここで，あなたは大きなミスに気づきました。メスシリンダーは目盛の1/10，つまり0.1 cm³単位まで読み取らなくてはいけなかったのに，目盛の桁までしか読まなかったのです。計算で使えるのは，値の中で最も大きい桁数ですので，電子天秤の小数点1桁ではなく，メスシリンダーではかった体積3 cm³の整数に合わせることになってしまいます。

その結果，計算した密度は物体AとB，物体C〜Eが同じ値になってしまいました。表1の色からニッケルと銅は区別できましたが，物体C〜Eがどの金属なのかを決められません。

この競技では，研究力をはかりますので，答えが正解かどうかは問われておらず，研究方法や計算方法が採点されます。このままでは，物体がなんの金属なのかを決められず，あなたは不合格になります。

そんなとき，あなたの友人がささやきました。
「実験をやり直す時間はないよ。3をすべて3.0にしてしまおう。これで小数点まで計算できて，物体を区別できるぞ」

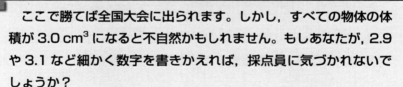

あなたならどうする？

ここで勝てば全国大会に出られます。しかし，すべての物体の体積が3.0 cm³になると不自然かもしれません。もしあなたが，2.9や3.1など細かく数字を書きかえれば，採点員に気づかれないでしょうか？

シミュレーション6 研究仲間に頼まれて困った！

　あなたは，地元を離れた地域で，科学イベントに参加しました。そこで知り合った向井香(むかいかおり)さんは，とても研究熱心な女の子で，仲よくなったあなたは彼女とたくさん研究の話をしました。彼女の研究はどれも興味深いものばかりで，あなたは彼女の研究を自分でもやってみたくなりました。どうやら香さんも，あなたと同じ気持ちのようで，こんなことを言いました。

「あなたの研究って，とても興味深いね。私も同じ研究を試してみたいんだ。もしよかったら，くわしいやり方を教えてくれない？　教えてくれたら，私の研究についてもくわしいやり方を教えるよ」

　あなたは彼女とメールアドレスを交換して家に帰り，研究のくわしい資料を送りました。すぐに，彼女からもくわしい資料が送られてきたので，あなたは彼女の研究を自分でもやってみました。これまでとは，まったく違う視点の研究を，あなたが夢中になっておこなっていたある日，香さんからメールが来ました。

「じつはちょっと相談があるんだけど……」

彼女からのメールは，こう続きます。
「あなたの研究のうち，あなたの学校の理科作品賞に応募したものは，あなたの住んでいる地域以外の人は知らないよね？　だから……写真と数値を借りて，私の学校の理科作品賞に応募してもいいかな？　私が今やっている研究が思ったよりうまくいかなくて，応募できそうな作品がないの」
「もしいいよって言ってくれるなら，送った資料の 3 番から 10 番は私の学校の理科作品賞のヤツだから，写真も数値も使ってくれていいよ」
「ね？　今回だけ。お願い！」

あなたならどうする？

1. 香さんは，あなたの写真や数値もそのまま使おうとしています。あなたがデータの使用に OK を出してもよいでしょうか？　何か問題が起こるでしょうか？
2. あなたは，香さんが理科研究賞を受賞した研究をそのままおこなったので，香さんの研究と同じ結果を自分でも得ています。香さんはデータの使用に OK を出しています。あなた自身が出したデータを使って学校の理科作品賞に応募してもよいでしょうか？　何か問題が起こるでしょうか？

※ あなたと香さん以外に，あなたたちが友人であることを知る人はいませんので，おそらく香さんやあなたの行為には誰も気づかないでしょう。

シミュレーション7　成功と倫理のどちらをとる？

　あなたは，ヒヨコやウサギを使って，恐怖の感情がどうやって作られるかを研究したいと考えています。これは，ネズミでおこなった研究を，ほかの動物に応用するものです。ネズミを小さな部屋に入れ，電気刺激を与えると，こわがって身体をすくめます。これをくり返すと，ネズミは電気刺激がなくても，部屋に入っただけで身体をすくめるようになるのです。

　この研究は，脳科学の研究のひとつで，将来脳科学者か医者になりたいあなたがぜひやってみたい研究です。ネズミについては結果がすでに知られているので，ほかの動物でも成り立つのかを調べたいと考え，手に入れやすいヒヨコやウサギで試すことを計画しています。

　ネズミでうまくいっていますので，この研究がうまくいく可能性は高いでしょう。実験装置もそれほど難しいものではなく，電気刺激は人間用の低周波治療器を改造した装置を使えます。こうした研究を自分でしている人はほとんどいないので，あなたの研究は高く評価される可能性があります。研究が終了したあとで困らないよう，ヒヨコやウサギを引き取ってくれる先も見つけています。

　唯一の問題は，この研究が生命倫理のルールに引っかかるかもしれないことです。しかし，そういった研究が大学ですでにおこなわれているので，自分も大丈夫だろうと，あなたは考えています。

あなたならどうする？

1. 成功する可能性は高いけれども，倫理的に課題があるかもしれない研究はおこなってもよいでしょうか？
2. おこなってよいかどうかを，どうすれば決められるでしょうか？　何か基準はあるでしょうか？　相談すべき人はいるでしょうか？

シミュレーション 8 機械が出したデータは正しいはず！

　あなたは炭酸飲料の pH が，時間とともにどのように変化するのかを研究することにしました。pH は水素イオン指数のことで，強酸性の 0 から始まり 7 が中性，7 を超えるとアルカリ性になり，14 に近づくほどアルカリ性が強くなります。

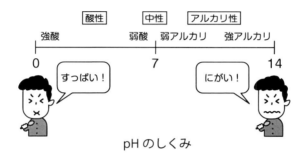

pH のしくみ

　炭酸飲料は，水に炭酸(二酸化炭素)が溶けこんでいるため，酸性を示します。pH をはかる方法について考えていたところ，pH メーターとよばれる，pH をはかる機械を大学から借りることができました。pH メーターはスイッチを入れて水溶液につけると，その水溶液の pH をはかってくれる機械です。一緒にわたされた説明書は難しくてよくわかりませんでしたが，ボタンを押すだけで，簡単に水溶液の pH を決めることができることはわかっています。

　pH メーターで，フタを開けたばかりの炭酸飲料の pH をはかると 4.2 でした。15 分ごとに炭酸飲料の pH をはかった結果は表のようになりました。

　90 分を過ぎてからも，15 分おきに 3 時間ほどはかりましたが，pH は 9.2 でほぼ一定の値でした。そこで，あなたは「炭酸飲料の pH は 90 分間で 4.2 から 9.2 まで変化して，あとは一定になる」と研究ノートに記録しました。

シミュレーション 8　機械が出したデータは正しいはず！

表　炭酸飲料の pH の時間変化

時間（分）	pH
0	4.2
15	4.9
30	5.7
45	6.6
60	7.4
75	8.5
90	9.2

あなたは，機械がどのような原理で pH を決めているか知りません。しかし，テレビや冷蔵庫も，原理を知って使っている人はほとんどいません。そもそも，あなたがやったことは，スイッチを入れて pH をはかる，これだけです。

あなたならどうする？

1. あなたがはかった値からは，炭酸飲料は 90 分でアルカリ性になることが示されました。しかし，炭酸飲料は放っておいて気がぬけることがあっても，にがくなることはありません。実験データとあなたの味覚との違いは，どうやって説明しますか？
2. 実験データが正しくない可能性もあるでしょう。実験データが正しくない場合，どうしますか？

シミュレーション 9 本当の理由は何なのか？

あなたは，「ダンゴムシの迷路」という研究に興味があります。ダンゴムシは右に曲がったあとには左，左に曲がったあとには右に曲がる，つまりジグザグに進む性質をもっていることが知られています。

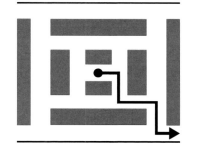

そこで，あなたは迷路を作り，その性質について研究することにしました。60匹のダンゴムシを迷路に放したところ，51匹のダンゴムシがジグザグに進んだ出口から出てきました。つまり，ダンゴムシは普通の状態でジグザグに進むことを選ぶ確率は85％です。

ただし，この実験では，ダンゴムシが迷路の壁をよじ登ってしまうという問題がありました。壁をよじ登ることができなくなれば，もっとジグザグに進むだろうと予想して，壁をよじ登れないように紙でフタをすることにしました。

紙でフタをした迷路にダンゴムシ40匹を放しましたが，ダンゴムシはどの出口からも出てきませんでした。おかしいと思って，フタをどけてみると，ダンゴムシは動きを止めており，光が当たったことでビックリしたのか，88％が先ほどと同じ，ジグザグに進んだ出口から出てきました。そこで，あなたは，以下のように考察しました。

---
(1) ダンゴムシはジグザグに進むのを好む。
(2) ダンゴムシは真っ暗だとまわりが見えないため，迷路から脱出できない。

この推論を確かめるために，紙のフタをクリアファイルに変えておこ

シミュレーション 9　本当の理由は何なのか？

なったところ，ダンゴムシがジグザグに進んだ出口から出てくる確率は87％になりました。あなたは，「推論（2）は正しかった」と研究ノートに記録しました。

　ダンゴムシはジグザグに進むことを好むようです。そして，暗闇でダンゴムシが動きを止めていたのは，まわりが見えないからだと，あなたは結論づけました。

あなたならどうする？

1. ダンゴムシが動かなかった原因を，あなたはどう説明しますか？まわりが見えないからなのでしょうか？　それともダンゴムシが，ふだん生活する環境が暗いからなのでしょうか？
2. ダンゴムシの暗い場所での行動の原因を区別しない場合，どのような問題が起こるでしょうか？

シミュレーション10 コピー&ペーストはどこまで許される？

　あなたは，アカハライモリが好きで，今も飼っています。ある日，アカハライモリは日本固有の両生類なのに，その生態についての研究はきわめて少ないという学術論文を読みました。そこで，あなたはアカハライモリの生態を解明する研究を計画しました。

　論文では，アカハライモリは形態や求愛行動に地域差があること，繁殖のために水場へ移動する経路，秋に冬眠場所へ移動する経路などがほとんどわかっていないと報告されています。なかでも，繁殖のために水場へ移動するときにオスがメスより早く水場に来るかもしれないという報告に興味をもちました。

「自分もアカハライモリの生態を調査してみたい」

　あなたは学術論文とは違う水場，つまりあなたの近所の池でアカハライモリの生態調査をおこなうことにしました。3～4月に繁殖のために水場にやってきたアカハライモリを捕まえ，体の大きさと性別を調査し，学術論文を参考にして分析をしました。その結果，日中に池のなかにいるアカハライモリはオスが多いことが明らかになりました。

　結果をまとめて発表しようと思ったとき，ふと疑問が浮かびました。コピー&ペーストはだめだと聞いたことがあります。あなたは，参考にした学術論文の内容をそのまま紹介するつもりでしたが，これはコピー&ペーストではと不安になりました。しかし，学術論文を紹介しなければ盗用になってしまいます。コピー&ペーストしてよいのでしょうか。

あなたならどうする？
1. この場合はコピー&ペーストに当たるのでしょうか？
2. 正しいコピー&ペーストと悪いコピー&ペーストの境目はどこにあるのでしょうか？

SNSに画像をアップロードした！

「おっ！ これはSNSでウケそうだ」

　あなたは優れた功績を上げて，大学の研究室で，大学院生と一緒に研究しています。ある日の実験中，予想していなかった化学反応が起こり，時間とともに色が赤，青と入れ替わる，とても珍しい現象を動画に撮ることに成功しました。一緒に実験をしていた大学院生も意外な現象にとても驚き，先生をよびに行きました。

　いつもは大学院生が一緒なので，実験中にスマートフォンをいじることはできませんでした。しかし，今回は予想していなかった現象で二度と起こらないかもしれないからという理由で大学院生とあなたは，ふたりで現象をスマートフォンで撮影しています。

　あなたは何度か動画を見返すうちに「これはもしかしたら，スゴイ発見かもしれない。何より，SNSに上げたら，友だちも驚いて喜んでくれるだろう」と考えました。この感動と興奮を，誰かとわかち合いたいとあなたは強く思ったのです。あなたのSNSは公開状態でしたが，フォ

124

ロアーは友人だけだったので，今まで知り合い以外から「いいね！」をもらったこともありません。あなたは「このアカウントを見るのは友人だけだし」と考え，友人に見せるつもりで撮影した動画を公開しました。

直後に先生と大学院生がやってきて，研究について話し合いになりました。この化学反応は研究を計画した先生も予想していなかったこと，大発見かもしれないが偶然の可能性もあり，もっとくわしく調べる必要があること，それまではこの件について誰にも言わないことを，あなたは先生と約束しました。

興奮冷めやらぬまま家に帰って，ふとSNSを見ると，見知らぬ人たちからたくさんの「スゴイね！」「いいね！」がつき，メディアから動画の使用許可を求める連絡もいくつか来ているのに気づきました。

あなたならどうする？

1. 友人に見せるつもりで公開した動画が多くの人の目に止まり高い評価を受けました。これはよかったことでしょうか？　それとも悪かったことでしょうか？
2. この実験は大学の先生が考えたテーマですが，発見をしたのはあなたと大学院生です。研究の公開を決めるのは，誰でしょうか？

解説　あなたならどうする？

シミュレーション1　必要なことを記録していなかった！

残念ですが，はかり直すしかありません。

　水の量や空気の量が変わると，ペットボトルロケットの飛距離は変わるからです。この研究は，論文が出るくらい活発に研究されています。多くの人が水の量，空気の量，発射する角度について，くわしく調べています。ウソは必ずバレます。もし，はかり直して結果が変わらなかったとしても，はかり直すことはムダではありません。なぜなら，あなたは自信をもって，それが本当だと言えるからです。

シミュレーション2　そこまで言えるの？

研究では，限界を考える必要があります。

　あなたが実験した40℃までの結果が，実験していない温度でも正しいかどうかはわかりません。実験した温度までが，研究で正しいと言える限界です。実は，イースト菌の活動は，50℃前後までは活発になりますが，それ以上になると停止します。それは菌が死ぬからなのか，単に活動を止めているのかどちらでしょう。それを確かめるにはどうすればよいでしょうか？

シミュレーション3　インターネットで見た研究をやってみた！

インターネット上でうまくいく実験が，実際にうまくいくかどうかはわかりません。

　インターネット上にはたくさんの研究のやり方が紹介されています。どれもうまくいっているようですが，それが本当かどうかは，あなたにはわかりません。本当はうまくいかないのに，うまくいくように書いてあるかもしれないと，つねに疑う必要があるでしょう。つまり，あなたはあなたの実験を信じるべきで，自分のデータより他人を信じてはいけません。

シミュレーション4　どうやってそれが正しいと決めたの？

あなたが主観的に正しいかどうかを決めている場合，研究とはよべません。

　あなたは星占いの番組を見て，その正しさを決めていました。しかし，その方法では，結果があなたの気持ちで大きく変わってしまいます。そもそも星占いは，

いろいろな取り方ができるように，あいまいな言い方をしているので，1日のうちに1回くらいは「ああ，当たっている」と思うこともあるでしょう。

　科学が客観的な数値を基準とする理由はここにあります。数値ではかれない，たとえば人の気持ちを調べることは科学が苦手な分野のひとつです。そうした分野の研究はとても難しく，あまりおすすめできません。

シミュレーション5　はかり方を間違えてしまった！

　あなたがウソをついても，そのときはバレないかもしれません。しかし，1回ウソをつくと，そのウソをごまかすために，またウソをつかなければならなくなります。

　今回，数値をすべて 3.0 cm^3 にすれば，明らかに不自然な値になり，「本当にそんな値が出るのか」という疑問に，またウソをつくことになります。それをごまかすために，数値を書きかえれば，あなたが書き換えた数値と，実験からの計算の数値が違ってしまいます。今度は，その不自然さをごまかすためにウソをつくことになります。

　こうしたウソはいずれバレます。あなたの不注意の責任は，あなたが取らなくてはなりません。どうすれば，責任が取れるでしょうか？

シミュレーション6　研究仲間に頼まれて困った！

　科学研究について話せる友人は，とても大事ですね。しかし，友人だからこそ，ダメなときはダメだと止めてあげることも大事です。

　どちらの場合も，本人どうしでデータを使ってよいと言ったかどうかではなく，ほかの人からどう見えるのかが問題になります。第三者から見ると，香さんとあなたは，ほかの人のデータを盗んだように見えますね。他人のデータの盗用は大きな問題です。

　ふたりの間でおたがいに OK している場合は，別の問題になります。同じ内容の発表を複数回おこなっていることです。しかも，この場合は，バレないよう工作をしていますので，悪質な研究倫理違反です。バレれば厳しい処罰が下ります。

　もしかすると，離れた地域ならバレないかもしれません。しかし，先生どうしが友だちかもしれませんよ。あなたと，あなたの友人のために最良の行動はなんでしょうか？

解説 あなたならどうする？

シミュレーション7 成功と倫理のどちらをとる？

研究者も自由に研究しているわけではないことを知っておいてください。

　例であげたネズミの研究は，国立研究開発法人理化学研究所の利根川進教授がリーダーを務めた脳科学研究チームの成果です。脳科学では有名な研究ですので，この分野に興味があれば，ぜひやってみたいと思う実験でしょう。

　しかし，専門の研究者も，第3章で示した実験動物の倫理に関する約束を守らなくてはいけません。この研究は，動物がとてもこわい思いをしますので，倫理的な約束を破ることになります。では，研究者が実験動物の倫理に触れるような研究をするときはどうしているのかを見てみましょう。

A) 研究者は，自分が所属する組織の動物実験委員会に，「こういう理由で，この研究がしたいので許可をお願いします。この研究がうまくいくと，こんなよいことがあり，社会に貢献できます」というように，研究が必要な理由を示した書類を出します。

B) 委員会は，会議で書類について審査をします。

C) OKが出れば研究をすることができます。「こういった点に注意して，動物に不要な苦痛を与えないこと」などの注意事項が示されることもあります。

D) 研究者は，提出した書類に記した約束を守って研究を進めます。もし，書類と違ったことをするときは，もう一度動物実験委員会に書類を提出して審査をやり直してもらいます。

　このように，専門の研究者であっても，倫理に触れる研究をするときには多くの時間と労力を必要とします。研究者がやっているからぼく(私)がやっても大丈夫，とはならないので，注意しましょう。

　生き物の生命を奪うかもしれない研究をするのは，たいへんな責任をともないます。もし，こうした研究をあなたがやりたいとしたら，まず，その研究が本当に必要なのかどうかを，もう一度考えてみてください。その研究をするために，動物に苦痛をあたえる資格は，あなたにありますか？

　もし，どうしてもその研究が必要だとしても，研究をしてよいかどうかを判断するのは，あなたではありません。あなたの研究について理解できる専門機関に相談してください。

シミュレーション8　機械が出したデータは正しいはず！

　機械は，簡単に答えを出しますが，その答えが正しいかどうかは教えてくれません。正しいかどうかは，つねにあなたがチェックしなければいけないのです。

　あなたがpHメーターを使ってはかった数値は，本当でしょう。しかし，その値が正しいかどうかは，機械は教えてくれません。

　もし，炭酸飲料がたった90分でアルカリ性になるのだとしたら，中性の水は放っておくと強アルカリ性になるのでしょうか。そんなことはないでしょう。では，炭酸飲料がアルカリ性になるのは，空気と炭酸飲料が化学反応するからなのでしょうか。しかし，炭酸飲料の「気が抜ける」のは，溶けている二酸化炭素が水から出て行くだけです。本当に，炭酸飲料はアルカリ性になったのでしょうか。

　そして，pHが「ある数値」で一定になった点も考える必要があるでしょう。ある数値が中性だったとしたら，この話はつじつまがあいます。つまり，機械の数値が2ほどズレていたと考えると，説明できそうです。

　pHメーターは，最初に「ゼロ点」，つまり「中性」を決めなくてはいけません。スイッチを入れて，すぐに炭酸飲料に入れた場合，中性のpHが7に設定されていない可能性はあります。

　やはり，実験結果は，いくつかの方法で確認する必要があるでしょう。たとえば，この実験の値が正しいかどうかは，万能pH試験紙やリトマス試験紙があれば確認できるでしょうか？

　機械の結果をうのみにせず，あなた自身が正しいかどうかチェックしないと，わざとではない間違いをしてしまうことになります。

シミュレーション9　本当の理由は何なのか？

　生物の行動には，さまざまな理由があるので，簡単に説明できないこともあります。

　ダンゴムシが暗い場所で動かない理由については，ダンゴムシの視覚を考えることがヒントになりそうです。実は，ダンゴムシは目がすごく悪いので，目にはあまり頼っていません。石の下や枯葉の下などの暗い場所にすんでいることからも，それは説明できます。何よりも，この実験，つまりダンゴムシがジグザグ行動を好むことは，ダンゴムシが目で見て移動するのではなく，触覚に頼っていることを示しています。

　ダンゴムシは角に来ると触角で触って曲がるのです。あなたが，薄暗い迷路の

解説 あなたならどうする？

壁に手をついて歩いているのと同じです。ただし，左，右と交互に曲がる理由は，ハッキリとはわかっていません。

あなたは実験を通して，ダンゴムシの行動のナゾを解明するために研究しているので，「暗い場所で動きを止める新たなナゾ」についても，同じようによく考える必要があります。簡単に見える答えが，答えとはかぎりません。それを区別しないと，わざとではない間違いをしてしまうことになります。

シミュレーション10 コピー&ペーストはどこまで許される？

　正しいコピー&ペーストは，することが推奨されます。ただし，どこからコピー&ペーストしたかは，かならず明記しなければなりません。

　コピー元を明記したコピー&ペーストは，研究では，他の研究を紹介するときに使われています。

　たとえば，アカハライモリの先行研究を参考にした場合，同じ評価を違う池でおこなうことで，アカハライモリの地域による形態の差が行動の差につながるかどうかを議論できるでしょう。そのときに，先行研究をコピー&ペーストすることで，あなたの研究の目的との違いがハッキリします。

　もし，あなたの研究をほかの誰もやっていないときは，コピー&ペーストはもっと重要です。なぜなら，多くの研究をコピー&ペーストして，そのどれとも違うことを示さなければ，あなたの研究の重要性を誰も理解できないからです。

　このように正しくコピー&ペーストを利用することで，コピーされた研究も，あなたの研究も価値が上がります。

　ただし要注意です。コピー&ペーストが問題になる最大の理由は，コピー元を示さないことです。コピー元を示さないコピー，とくに，自分のもののようにしたコピーは，盗用になります。また，コピー&ペーストしたときに，あなたの意見とコピー元の意見は明確に区別しなければなりません。ルールを守って正しくコピー&ペーストしましょう。

シミュレーション11 SNSに画像をアップロードした！

　科学研究では，結果の公開のタイミングはとても重要です。結果を公開するときには，自分一人で判断せず，周りの人に相談しましょう。

　新奇な発見は，とても重要なものです。ましてや予想もしていなかったスゴイ結果が出れば，誰でも興奮します。この喜びを親しい友人と共有したいという気持ちは自然なものです。一方で，研究の記録を公開するときには決められた手続

きがあります。とくに大学の研究室などで研究しているときは，公開の判断をするのは，あなたではなく，大学教員です。「これくらいならよいだろう」と気軽な気持ちで研究室の画像を撮影したり，投稿したりしてはいけません。

　鍵付き(非公開)アカウントやメールでも同じです。あなたの友人が「私の友人がスゴイ発見したよ！」と公開してしまうかもしれないからです。

　なぜ公開のタイミングが重要なのでしょうか。それは，研究においては新しいアイデアこそ，最も価値があるからです。あなたの発見が何度でもくり返すことのできる新たなアイデアであることを証明したうえで公開しないと，最悪の場合，その発見はあなた(や所属する研究室)の発見ではなくなってしまうかもしれません。

第5章

研究者への道

利香　最後に，今までの話で紹介しきれなかった部分を考えてみましょうか。何か知りたいことはあるかしら？
倫太郎　ハイハイ！　ふたつ質問があります！　ひとつめは，学校の授業では研究のルールはどうやって守るのかということで，もうひとつは，研究者に必要な能力はあるのかということです。
利香　うん。順番に考えてみましょうか！

5.1 学校の授業と研究のルール

利香 まず大事なことは,学校で理科の実験や観察をするときの目的は,研究とは違うことね。

倫太郎 えっ!? 実験・観察をするのに,研究とは目的が違うの?

　ぼくが驚くのを見て,お姉ちゃんはクスッと笑った。

理子 倫太郎。理科の実験を思い出してみなさいよ。理科の実験や観察の目的って,なんだった?

　ぼくは記憶の糸をたどった。実験や観察の目的って,確か最初にいつも言われてたような気がする。

倫太郎 「物質が水に溶けると,どうなるのだろうか」とか,そんな感じだった。

理子 それって,研究の目的と同じだと思う?

　お姉ちゃんに聞かれて,ぼくは,今まで学んだ研究の目的と考え合わせた。

倫太郎 ああ! 全然違うね! 研究の目的は新しいアイデアを証明することだけど,授業の目的は何かを確かめることだ!

利香 そういうこと。授業の実験や観察の目的は,大きく分けてふたつあるの。

　利香さんは人差し指と中指を立てて見せた。

利香 ひとつは,**実験や観察を通して自然現象に触れること**。これは特に不思議じゃないわね。

　ぼくが,うなずくのを見て,利香さんは話を続けた。

利香 もうひとつは,**実験や観察の技術を学ぶこと**。学校の理科の実験は,いつも違う実験器具や観察の道具を使うでしょう? あれはそれぞれの器具や道具の使い方を学ぶためなのよ。

倫太郎 へえ。使い方を学ぶために,いろいろなことをしているんだ。

　ぼくは感心した。学校の勉強っていろいろな工夫がされているんだな

あ。ふと見ると，お姉ちゃんの視線があきれているように見えたけど，今までそんなこと考えたことがなかったんだから，しかたないじゃないか。

利香　学校の授業が研究といちばん違うのは，できるだけ多くの人に同じ結果が得られるように，実験や観察の方法があらかじめ決められていることね。

　ああ，なるほど。どうして，同じ結果になるように実験や観察をするのかと思っていたけど，そういう考えがあったんだ。

利香　授業でおこなう実験や観察は，研究のルールについてよく考えられた上で，提案されているの。だから，授業では研究のルールについては気にする必要はないわね。

倫太郎　そうなんだ。安心だね。

　ぼくが気軽に言うと，お姉ちゃんがわかってないわねという表情で人差し指を左右に振った。

理子　研究のルールについては気にしなくていいけど，研究のやり方は気にする必要があるわよ。授業は1回しか実験や観察ができないから，方法や操作を間違えてしまったら，期待された結果は得られないわ。

　お姉ちゃんは，ぼくが理解しているのを確認してから話し続けた。

理子　期待された結果が得られなかったときは，「失敗した」と書くだけではなく，どうしてそのような結果が得られたのか，それはなぜなのかを考えて，正しい方法や操作をしっかり身につけることが大事よ。

倫太郎　なるほど。ちゃんと実験の記録を取っていれば，たとえ実験や観察がうまくいかなかったとしても，反省できるね！

　ぼくが言うと，お姉ちゃんは満足そうにうなずいた。そして利香さんが続けた。

利香　そうよ。倫太郎くん。うまくいかなかったときこそ学ぶことが多いのよ。「授業は答えがわかっていて，つまらない」という人がい

5.1 学校の授業と研究のルール

るけど，私はそう思わないわ。**授業で方法や操作をしっかり身につけなければ，自分で研究なんてできない**ものね。そういう貴重な機会なのよ。

倫太郎 わかったよ。研究のルールはちゃんと考えられているから気にしなくてもいいけど，研究のやり方はこれから生かせるようにがんばるよ。

	学校の授業	実際の研究
目的	自然現象に触れる。 実験や観察の技術を学ぶ。	自分が知りたいことを確かめる。 アイデアが正しいことを証明する。
方法	誰でも同じ結果が出るように決められている。 基本的には1回しかしない。	目的を達成できるように自分で計画を立てる。 結果の考察をふまえて，くり返したり変更したり追加したりする。
研究ルール	ルール違反にならないように考えられている。	ルール違反にならないように自分でよく考えなくてはいけない。

5.2 広い興味関心をもつ

利香 次の質問ね。**研究者に必要な能力は,広い興味関心をもつことよ。**

利香さんは,机に積んであった論文や本を指差していった。どれも利香さんのものだ。英語で書かれた論文にはびっしりと書きこみや付せんがつけてあるけど,ぼくには化学式くらいしかわからない。こういう難しい論文を読めなきゃダメかな……ぼくの絶望的な表情を見て,利香さんは困ったように笑った。

利香 どうして,そんなに絶望的な顔なの? 学術論文は専門の教育を受けた人が読んで初めてわかるものだから,倫太郎くんにはまだ早いわよ。すぐにでも実行できる方法として,本を指したつもりだったのだけれど。

利香さんに言われて,ぼくはもう一度,積んである本を見た。利香さんの専門の化学系のほかに,専門とは関係なさそうな動物行動学や物理学などの自然科学系から,プログラミングや統計学,さらに言語学や行動経済学などの人文・社会科学系まで,いろいろな本が分類されて積まれている。

倫太郎 これって,利香さんの専門とは全然関係ないよね。

ぼくは試しに言語学の本を手に取って,利香さんに向き直った。

利香 関係ないわね。でも,いろいろなことに興味をもっていると,ある日突然ひらめくのよ。「この考え方は,ある研究の新しいアイデアになりそうだ!」って。言語学や行動経済学は,純粋におもしろかったし,発表のやり方の参考にもなったわ。

理子 勉強がおもしろいの?

学術書をパラパラとめくっていたお姉ちゃんが,顔を上げて言った。

利香 新しいことを学ぶのはおもしろいじゃない。「ああ,こんな考え方もあるんだ」とか,「そうか,こう考えればいいのか」とか,かならず発見があるわ。視野が広がって「遠くまで見通せるようにな

5.2 広い興味関心をもつ

る」感じかしら。

　なるほど。広い興味関心をもつことが，どうして研究者に必要なのか，わかってきたぞ。

倫太郎　わかったよ，利香さん。**いろいろなことに興味をもつことで，アイデアの幅が広がっていくんだね。**

　利香さんは，ぼくの言葉に大きくうなずいた。

利香　そうよ。興味があることを，どんどん追究するのはよいことだわ。でも，同じくらい，ほかのことにも興味をもってほしいわ。興味があることだけだと，できることがどんどん少なくなっていってしまうもの。

　利香さんはそう言うと，ぼくたちを見て，微笑んだ。

利香　あなたたちは，まだまだ自分の能力を伸ばす時期よ。できるだけ広く興味関心をもって，いろいろなことに挑戦し続けることが，研究者に必要な能力を伸ばしてくれるわ。それは本だけにとどまらないわよ。スポーツだって参考になるかもしれない。

138

利香さんがそう言うと，お姉ちゃんは何かを思いついたようだ。ウキウキした様子で，ぼくに向き直った。

理子　原子を提案したドルトン先生の話が，それに近いかも。ドルトン先生が，原子を球だと考えた理由は，大好きなクリケットで使う丸いボールから来ているかもしれないって話を読んだわ。

利香　iPS細胞の研究も，従来の生物学とは違う発想が発見につながったそうよ。広く興味をもって，いろいろなことを自らの手で体験することが，これまでとまったく違う新しい研究ができる能力を育ててくれるわ。

倫太郎　わかったよ！　広く興味関心をもって研究以外のこともがんばっていこうと思う！

　ぼくの言葉を聞いて，利香さんはニッコリと笑った。

利香　倫太郎くん，それはとても大事なことよ。研究以外も楽しんでこそ，研究も楽しめるのよ。研究者としての能力を伸ばしたいなら，広く興味関心をもって，なんでもがんばっていくことが大事よ。

理子　じゃあ，まずは字をきれいにする練習をがんばりましょうね。

　お姉ちゃんにニヤニヤしながら言われて，ぼくはふくれた。いい話だったのに，まったく，もう！

5.3 社会のなかの科学者の役割

▶ 5.3.1 科学者の役割

　ぼくたちが，利香さんに聞いた内容を話し合いながらまとめる間，利香さんは，お茶を楽しんでいた。ぼくたちのまとめがひと段落したと思ったのだろう。利香さんはカップをソーサーにもどして，ぼくたちに向き直った。

利香　研究のルール，研究倫理や研究のやり方についてはだいたいわかったかしら。それじゃあ，最後に，「**社会のなかの科学者の役割**」について考えてみましょうか。

倫太郎・理子　社会のなかの科学者の役割？

　ぼくたちが不思議そうな顔をしたので，利香さんはクスクスと笑った。

利香　そんなに意外かしら。科学者の研究は多くの場合，税金によって支えられているわ。だから，私たちは自由に研究をさせてもらっている代わりに，社会からの期待にこたえる義務があるの。

理子　それが科学者の役割なの？

　お姉ちゃんの質問に，利香さんは大きくうなずいた。

利香　そう。あなたたちも科学者をめざすなら，科学者が社会のなかでどんな役割をもっているのかを知っていたほうがよいわ。

　利香さんは，ぼくたちがうなずくのを見て，話を続けた。

利香　科学者が社会のなかで果たすべき役割については，国際連合教育科学文化機関（ユネスコ）と国際科学会議（ICSU）が 1999 年にハンガリーの首都ブタペストで開催した世界科学会議で決められたのよ。

　利香さんはいったん言葉を切って，ぼくたちに向かって 3 本の指を立ててみせた。

利香　社会のなかの科学者の役割は 3 つあるわ。ひとつは**新たな科学的知識を創造すること**，ひとつは**私たちの知識や経験を社会全体のために役立てること**，最後のひとつは**社会のために科学的な助言を**

することよ。

▶ 5.3.2 新たな科学的知識の創造

倫太郎 新たな科学的知識を創造するっていうのは，研究で新しいナゾを解明するってことだよね。

利香 そうよ。私たちには，それぞれ明らかにしたいナゾがあるわ。それは生命の進化のナゾかもしれないし，恐竜が絶滅したナゾかもしれないし，人工知能の高性能化のナゾかもしれない。または，人間の心のナゾかもしれないし，経済や金融におけるナゾかもしれない。それとも世界で初めての物質を作り出そうとするナゾかもしれない。

利香さんは，楽しそうな表情で，次々とナゾを数えあげていった。でも，ぼくたちは利香さんの言葉に疑問をもった。

理子 ねえ，利香さん。今，利香さんがあげたナゾには文系のものも含まれているんじゃない？

お姉ちゃんの言葉に，利香さんはニッコリと笑った。

利香 ここで言う「科学」は，「理系」に限ったものではないわ。広い意味で新たな知識を創造するという点では，「文系」とよばれる人文科学や社会科学も「科学」に分類されているのよ。

倫太郎 うーん。文系が科学というのが，よくわからないんだけど。

ぼくは，今ひとつ理解できなかったけど，ぼくの疑問に対する利香さんの答えは明快だった。

利香 科学は「自然の事物や現象を観察して新たな知見を得る」ものでしょう。だから，**この世界のナゾを解明しようとする行為は，すべて科学的行為と言っていいわ。**

理子 なるほど。私たちは，科学が含む意味をせまく考えていたのね。

お姉ちゃんは，うんうんとうなずいたあと，ぼくに向かっていった。確かにそうだ。ぼくは，科学という言葉から実験や観察をイメージしてしまっていた。

利香 納得がいったかしら。そして，ここからが重要なんだけど，私た

ちの創造する知識は，**広い意味で社会に利益をもたらす**ものでなければならないの。

科学者の研究は社会の利益とはまったく無関係にあるものだと思っていたので，ぼくはとても驚いた。利益にならないことはやってはいけないのだろうか。でも，お姉ちゃんは驚いた様子もなく，利香さんに質問した。

理子 広い意味って，どれくらいなの？

利香 たとえば「こう考えると，おもしろいよね」「こんなことがわかったんだ」という話でも，知的な活動という面では社会に利益があるでしょう。

利香さんの答えを聞いて，お姉ちゃんは，ぼくに向かってニッと笑って言った。

理子 なるほど。利益というものの考え方が，私たちとは違うのね。

利香 ここまではいいかしら。じゃあ，ふたりに質問よ。

利香さんは，ぼくたちを見ながら楽しそうに口を開いた。

利香 科学者が創造した新しい科学的知識を社会に伝える方法は何かしら？

理子 あ！　私，わかっちゃった！　それは利香さんがいつも言っている，研究の成果を発表することだと思う！

利香 そのとおりよ。すごいわ，理子さん！

利香さんとお姉ちゃんは，互いに「グッジョブ！」と親指を立てあった。息がぴったりだな。ちょっとうらやましい。

利香 研究成果の発表は，今からでも始められるわ。研究者をめざすのであれば，知識をため込むのではなく，科学者の役割として，研究の成果やおもしろさを伝える発表の練習をしていきましょう。

▶ 5.3.3　知識や経験を社会全体のために役立てる

利香 次の役割について考えましょう。私たちは自らが得た知識や経験を社会全体のために役立てる義務があるわ。

倫太郎　研究成果の発表だけじゃ，ダメなの？
　ぼくが質問すると，利香さんは人差し指をあごに当てて「うーん」と少し考えてから，説明してくれた。
利香　私たち研究者の成果の発表は，同じ研究者を対象としているの。
　　もし，あなたたちが，私と同じ合成化学の研究者になれば，私の研究成果は参考になるかもしれない。
　利香さんは，いったん言葉を切って，ぼくたちにニッコリと微笑んだ。
利香　でも，あなたたちが，もっと広い意味で科学について知りたかったりするときには，研究成果の発表ではうまく伝わらないわ。
理子　あ！　もしかして，研究者が一般の人向けに講演したりするのって，この義務を果たすっていうこと？
　お姉ちゃんが声を上げた。なるほど，そう考えるとつじつまが合うな。そんなぼくの気持ちを裏づけるように，利香さんが答えた。
利香　そうよ。研究者が多くの人に向けた講演をするのは，研究の成果発表だけでは伝わらない，自らの知識や経験を社会全体に直接伝えるためなの。
倫太郎　ぼくたちが今からできることはなんだろう？
　ぼくが質問すると，利香さんはうれしそうに笑った。
利香　そうね。あなたたちより年下の子たちに，あなたたちの知識や経験を伝えてあげてほしいわ。

倫太郎 今日わかったことで，みんなに伝えたいことはたくさんあるよ！

理子 そうね。私もあるわ！

利香 ふたりとも頼もしいわ。

　ぼくたちは 3 人で「グッジョブ！」と親指を立てた。

▶ 5.3.4　社会のために科学的な助言をする

利香 最後の役割について考えましょう。私たちの生活は，科学技術なしでは成り立たない時代になったけど，科学や科学技術は不確かなものであることが多くの人に理解されていないわ。

倫太郎 科学が不確かって？

　科学が不確かだと聞いて，ぼくはとても驚いた。でも，利香さんの答えは，あっさりしたものだった。

利香 **科学は完璧じゃないのよ。科学の理論には必ず不確かさがあるわ。**
　理論はあくまでも代表値，たとえば平均値の話なの。

倫太郎 平均値？

利香 そうね……倫太郎くんの学年で数学のテストをしたとしましょう。
　利香さんは，ぼくにニッコリと笑いかけると続けた。

利香 倫太郎くんは 88 点だったけど，クラスの平均点は 75 点，隣のクラスの平均点は 80 点だったとしましょうか。倫太郎くんのクラス全員の成績は隣のクラス全員の成績より低いと言えるかしら？

　ぼくの点数は隣のクラスの平均点より高いんだから，そんなことはない。

倫太郎 もちろん言えないよ。

　お姉ちゃんもうんうんとうなずいた。利香さんは続けた。

利香 でも，理子さんから見たらどうかしら。もし理子さんがふたつのクラスの平均点しか見ることができなかったら，倫太郎くんの点数は隣のクラスより高いと思うかしらね？

　え，私？　と，お姉ちゃんは自分を指差してから，うーんとなった。

144

理子　そうねえ……平均点しか見られないなら，倫太郎の成績は80点以下だと思うんじゃないかしら。

倫太郎　えー！　ひどいよ，お姉ちゃん！

　ぼくの抗議に，お姉ちゃんは困った顔をした。

理子　平均値を比べると，隣のクラスのほうが点が高いんだからしかたないじゃない。

利香　今のが科学の不確かさなのよ。

　利香さんの言葉に，ぼくはわれに返った。そうだ。ぼくたちは科学の不確かさの話をしていたんだった。

利香　クラスの平均値しかはかれなければ，倫太郎くんの点数が何点であろうともクラスの点数しか比べることはできない。同じように，私たち科学者がはかっているのは，全体の代表値なの。

理子　個々の値をすべて知ることはできないの？

　お姉ちゃんの質問に，利香さんは難しいわと答えて続けた。

利香　私たちは個々の数値を知ることができないので，代表値をその代わりにしているの。もちろん，科学者は測定するものが代表値であることを理解しているから，代表値と違う値があっても驚かないわ。

　ぼくは利香さんに続いて言った。

倫太郎　でも，普通の人は，代表値が完璧な値だと思っているので，たとえば，ぼくのテストの点みたいに代表値と違った値が出ると驚くってことか。

　そして，お姉ちゃんが，ぼくの言葉に続けた。

理子　なるほどね。だから，科学者は，その違いについて社会に説明する役割があるのね。

利香　そういうことよ。科学の成果を伝えることはもちろんだけど，それが絶対のものではないことも伝えないといけないの。ふたりとも，よくわかっているわね！

　利香さんは，「グッジョブ！」と親指を立ててくれた。

利香　あなたたちも自分にできることについて，みんなの助けになるよ

うに助言することができるわ。ただ，注意してほしいことがあるの。
利香さんは，ぼくたちの目をじっと見つめた。

利香　助言というのは，一方的に「これが正しい」と答えを押しつけることではないわ。知識のあるなしで上下が決まるわけじゃないの。みんなで協力して，社会をよりよくする努力をしていかなくてはいけないわ。

利香さんの言葉に，ぼくたちは大きくうなずいた。

▶ 5.3.5　プロフェッショナルとアマチュア

利香　ここまで，いろいろな話をしてきたけど，最後に確認しておきたいことがあるわ。

利香さんは，メモをまとめながら話し合っていたぼくたちに対して，あらたまって言った。

利香　私たちのように研究を仕事にしている科学者と，趣味で研究をしている人たちは何が違うと思う？

倫太郎・理子　え？

利香さんの質問は予想もしないものだったので，ぼくたちはびっくりして顔を見合わせた。利香さんは真剣な表情を崩さずに説明を続けた。

利香　たとえば，ふたりみたいに研究大好きな人たちと，私たち研究者は何が違うのかしら？

倫太郎　……違い？

ぼくは首をひねった。研究を仕事にしている人と，研究を趣味にしている人の違いってなんだろう。

倫太郎　お姉ちゃんは，どう思う？

ぼくは答えを出せなくて，お姉ちゃんに聞いてみたけど，お姉ちゃんも困った顔をしたまま，おそるおそる口を開いた。

理子　ええと，たとえば仕事にしている人は高価な機械や設備を使える……とか？

利香　なるほど。確かにそうね。でも，機械や設備を使わない研究だっ

てあるわ。それ以外に違いはないのかしら？

理子　えー！　違うのー？

　お姉ちゃんは悲鳴を上げると，両手を上げて降参を示した。

倫太郎　ぼくも降参。

　ぼくたちふたりを見回して，利香さんは微笑んだ。

利香　研究を仕事にしている人と，趣味でしている人の違いは，学問への責任よ。

▶ 5.3.6　学問への責任

理子　責任って？

　お姉ちゃんが不思議そうに言った。利香さんは，お姉ちゃんに優しく微笑んで続けた。

利香　研究を仕事にしている人も趣味にしている人も，研究を楽しんでいるわ。

理子　そこは一緒なのよね。

　お姉ちゃんはうんうんとうなずいた。

利香　そうね。でも，研究を仕事にしている人は，ときには楽しくなくても研究を進めなければいけないことがあるわ。

理子　え？　楽しくないのに研究をするの？

利香　それが学問への責任なの。私たちは科学的知識を創造して学問を進展させていく責任があるのよ。

　お姉ちゃんの意外そうな言葉を聞いて，ぼくは唐突に利香さんとの会話を思い出していた。そうだ。利香さんは最初にぼくに，こんなことを言ったじゃないか！

> 「どうしてうまくいかないのかを考えたり，いろいろなことを調べたりするのは，たいへんだし，面倒だわ。でも，努力をすることで，世界の誰も解けないナゾを解くことができるの。それって，すごく楽しいと思わないかしら？」

5.3　社会のなかの科学者の役割

　そうか。利香さんが言っていたのは，学問への責任の話だったんだ！ぼくはふたりに向かって話しだした。

倫太郎　趣味で研究するんだったら，楽しいことだけやって，楽しくないことはしなくてもいいんだ。だって趣味なんだから。でも，研究者は，楽しくないことの先にある「楽しい」を見つけなければならないんだね！

利香　そのとおりよ。倫太郎くん。

　利香さんは，ぼくの言葉を聞いてうれしそうに笑った。

利香　未知を探究する研究は9割が失敗といってもいいわ。でも，その先にある1割の楽しさが，私たちを支えているの。この学問への責任がわかっていれば，きっと，ふたりとも研究を仕事にできるようになるわ。

倫太郎　ま，まだまだ先の話だけどねっ。

　ぼくは照れくさくなって言った。すると，横にいたお姉ちゃんはすました顔で言った。

理子　その前に倫太郎はやるべきことがたくさんあるものね。たとえば……

倫太郎　もうっ！　お姉ちゃん，今はそういうことはいいんだよっ！

　ぼくが怒ると，利香さんはアハハと笑いだした。ぼくたちもなんとなく楽しくなって，笑いあった。

　ぼくたちが科学者になるのは，まだまだ先の話だ。だけど，今からできることもある。学問への責任について考え，研究のルールを守っていくことが大事だし，社会のなかの科学者の役割をつねに意識することも必要だ。少しずつ，できることをやっていこう。ぼくは楽しそうに笑う利香さんを見て，そう思った。

> **コラム** 統計から見る進路と進学

リケジョは本当に少ないの？

「理子さんは，何か聞きたいことはある？」

利香さんに話しかけられたお姉ちゃんは，なんとなくモジモジしている。お姉ちゃんらしくないな。どうしたんだろう。

「ねえ，利香さん。女子って文系に進むのが普通なのかな？」

「理子さんは，理学部志望でしょう？どうしてそう思ったの？」

お姉ちゃんの突然の発言に，ぼくも利香さんも驚いた。研究大好きなお姉ちゃんが，文系への進学を考えているなんて！ お姉ちゃんはしばらく言いにくそうにしていたけど，モジモジしながら口を開いた。

「……だって，先生が『理系は研究者になりたい人が行くところだし，女子は少ないので進学しても浮くだろう』っていうから……」

利香さんは，あきれたような，怒っているような微妙な表情になった。

「それはまたずいぶんとステレオタイプなイメージね。その先生は理系学部を知らないんじゃないかしら？」

「え？ 違うの？」

お姉ちゃんは，びっくりして利香さんを見返した。

「まず，みんなが研究者になりたいというのは間違っているわね。私のいる理学部で考えてみましょうか。もちろん研究者になりたい学生もたくさんいるけど，そういう人ばかりじゃないわ。たとえば公務員ね。官庁や役所だったり，消防庁だったり，ときには自衛隊をめざす学生もいるわよ。ほかには学校の先生もいるわ。数は少ないけど，アナウンサーやスポーツ選手になったりする学生もいるわよ」

利香さんが指折り数えるのを，ぼくたちはポカンと聞いていた。お姉ちゃんもぼくも理学部というのは，研究者になりたい人しかいないと思っていたけど，いろいろな将来像をもっている人がいるんだなあ。

「それに，女子学生の話は，印象だけで語られていると思うわ。研究者ならこういうときはデータから判断しないとね」

利香さんは，楽しそうな表情になった。正しいイメージは正しいデータからと言いながら，利香さんはノートパソコンを開いた。

「データって？」

「男女の人数の違いを知りたいなら，全国の大学生の男女別の数を調べて，

5章 研究者への道

そこから考えないといけないということよ。『私の友だちは……』とか、『ぼくの知り合いは……』というのは、ある集団の話であって、本当の数を表しているとは限らないからね」

「研究のときに、何回も実験や観察をするのと同じだね」

ぼくがそう言うと、利香さんはニッコリ笑った。

「そうよ。こういうさまざまな数値を調べて考える学問を『統計学』とよぶわ」

さっきの利香さんの本の山を横目で見ると、統計学の本も何冊かはさまっている。なるほど。確かにいろいろなことに興味をもつのは大事だな。そんなことを考えていると、お姉ちゃんが心配そうに言った。

「でも、そんな都合のいいデータってあるの？」

「日本全体のことを知りたいのなら政府統計がいいわね。学校基本調査の平成27年度の資料から男女比を調べることができそうよ」★4

利香さんは政府統計のウェブサイトを開くと、データをダウンロードして、画面に表示してくれた。うわっ。数字がいっぱいだ。

「平成27年度の国公私立の全学部の全学生から男女比を見てみましょうか。といっても、政府は、文系学部や理系学部という分類はしていないから、こちらで分類する必要があるわ」

利香さんは、表計算ソフトで操作を始めた。

「文系学部は、人文科学（文学、史学、哲学など）と社会科学（法学、政治学、商学、経済学、社会学など）でいいかしらね」

利香さんは、話しながらどんどん操作を進めていく。ぼくは、利香さんがどのような操作をしているのかを理解するのをあきらめて、利香さんの結果を記録することに専念した。お姉ちゃんも同じのようだ。

「理系学部は、理学部、工学部、農学部、保健（医学、薬学）にしましょうか。まとめると、こうなるわ」

利香さんは、データをまとめたグラフをぼくたちに示してくれた。

大学の文系と理系の男女の人数の違い（平成27年度）

	計（人）	男（%）	女（%）
文系	1,196,515	56	44
理系	675,512	75	25

「文系のほうが女子は多いね」

文系学部は男女比がほぼ半々だけど、理系学部では7:3くらいだ。やっぱり女子は文系に行くのか。でも、利香さんの話はここで終わらなかった。

「こうやって大きく文系、理系と分類して、理系は男性が多いという話が一般的よね。でも、これはどう？」

★4　http://www.mext.go.jp/b_menu/toukei/chousa01/kihon/kekka/k_detail/1365622.htm

利香さんは文系に分類した人文科学系と社会科学系を別々にグラフにしてくれた。

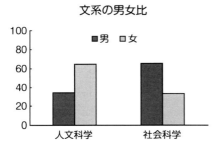

文系の男女比

あれ？　確かに人文科学系は女性が多いけど……
「なんだ。社会科学系の男女比は，理系学部と同じくらいねっ！」
　お姉ちゃんが言った。心なしか，さっきより元気な声に感じる。あっ，そうか。先生が勧めていた経済学部は，社会科学系だっけ。

「理系学部といっても，いろいろなのよ。データからもう少しくわしく見てみましょうか」
　利香さんがグラフを描くと……
「数学，物理学，工学系は女子がすごく少ないね」
　機械工学と電気通信工学は特に少ないぞ。
「その代わり，農芸化学や獣医・畜産学，薬学は女性のほうが多いわ！」
　お姉ちゃんは，女子が多い学部があるとわかってうれしそうだ。ぼくは，逆に女子が多いところはちょっとなあ。お姉ちゃんみたいな人がたくさんいたらこわいし。
「理系学部に女性が少ないのは一部ということがわかってもらえたかしら」
　利香さんは操作をやめて，ぼくたちに向き直った。
「確かに一部では女性が圧倒的に少な

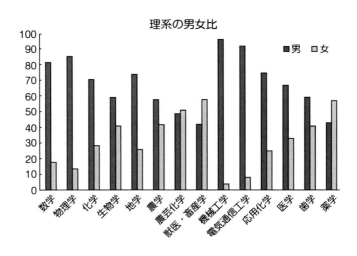

理系の男女比

5章　研究者への道

151

いけど，それを除けば社会科学系と同じかそれ以上の女性がいるのよ」

そして，利香さんはいたずらっぽい表情になった。

「先生の理系イメージは工学系や数学，物理学なんじゃないかしら。だって，先生おすすめの経済学部は７：３で男性が多いのだから」

「そっか！」

お姉ちゃんは，明るい笑顔で声を上げた。進路かあ……ぼくの場合，その前に高校入試があるから，まだピンとこないけど，ぼくはどうしようかな。

「データを見ると，リケジョが少ないというのは，正確ではないことがわかってもらえたかしら。確かに数学や物理学，工学系に行く女性は少ないわ。でも，性別は志望を変えるほどの理由にはならないと私は思う。女性だから文系とか，理系学部では女性は浮くとか，そういったことはあまり気にしなくていいんじゃないかしら。どうしても気になるなら，化学系なら薬学部に行けば，女性がたくさんいるわよ」

まあ，薬学部は６年制になったし，薬剤師の国家資格試験を受けるから結構たいへんだけどねと，利香さんは少し困ったように笑った。

「ありがとう。私も利香さんみたいな研究者をめざしてがんばるわ！」

利香さんの話を聞いて，お姉ちゃんは志望学部の悩みが消えたようだ。

利香さんは，お姉ちゃんの言葉に照れくさそうにしながら，がんばってねと返した。

（おわり）

付★録

あなたの研究チェックリスト

この本で考えてきたことを，実際にみなさんが研究をするときに実行できているかどうかチェックできるリストを用意しました。研究を始める前，研究を進めているとき，研究をし終わったあとなど，いろいろな場面でふり返ってチェックしてみましょう。すばらしい研究が楽しくできるように，このチェックリストを利用して研究のルールを守りましょう。

【1】あなたのやりたいことを 5W1H で説明できる？
注意しよう 目的

　「まず，自分のやりたいことを決めましょう」
- □ Why　なぜ，それをやりたいの？
- □ How　どうやってそれをするの？
- □ Who　ひとりでできる？　誰かに手伝ってもらう必要はない？
- □ What　具体的に何をするの？　何が必要？
- □ When　いつまでにするの？
- □ Where　どこでするの？

【2】そのアイデアはどこからきた？【アイデアをまとめる】
注意しよう 盗用，尊敬の念に欠ける行為

　「注意するのは，他の人のアイディアを盗ってしまうことよ」
　「ただ，こだわりすぎないことも大事ね。発表しないなら，他の人と同じことをやってみても大丈夫よ。」
- □ 私のアイデアは正しいコピー＆ペーストである？
- □ 私のアイデアはまったくのオリジナルである？

【3】道すじを考えよう【計画を立てる】
注意しよう 客観的に証明する

　「ゴールを決めて客観的に証明する方法を考えましょう」
　「変数はひとつずつ変えるのが大事だよ！」
- □ 目標（ゴール）を立てた？
- □ 仮説を立てた？
- □ 変数の数を数えた？
- □ 変数の数に合わせてチェックポイントを作った？
- □ 動物を苦しめたり殺したりしない？

【4】自分自身で確かめよう【研究をおこなう】

注意しよう 記録の不備

- 「できるだけ詳細な記録を取ることが大事よ」
- 「新しくやりたいことができたときは，よく考えましょう」

□ できるだけ詳細な記録をとっている？
□ 結果はチェックポイントをクリアした？
□ 途中で新しくやりたいことが出てきたら，どうするか考え直している？

【5】正直に，公正な態度でまとめよう【結果を考察する】

注意しよう ねつ造，改ざん

- 「科学に正解はないわ。『答え』に合わせるのではなく，『結果』から考えましょう」
- 「ウソは絶対にダメだよ！」

□ データやグラフなどを正しく読み取れた？
□ 結果が予想と違った場合にその原因を考えた？
□ このまま目標に向かう？　それとも違う方法を検討する？

【6】未来への仲間を作ろう【研究を発表する】

注意しよう 尊敬の念に欠ける行為，公正な態度

- 「大事なことは話し合うことよ。必ず質問しましょう」
- 「賞のために研究をするのではないことを忘れないで」

□ 間違いがあるまま発表していない？
□ 参考にした研究などはきちんと示している？
□ 研究を知らない人に伝わる表現になっている？
□ 質問はできた？
□ 質問されたことは書きとめた？

付録　あなたの研究チェックリスト

おわりに

　研究のルール，研究倫理について理解は深まったでしょうか。
　ケーススタディやシミュレーションの結果については，ぜひ周りの人と話し合ってみてください。おそらくほかの人はあなたと違う考え方をするでしょう。それは正解や不正解というものではありません。研究倫理を守りながら研究を進める方法はひとつではなく，どのやり方にも良い点と改善が必要な点があります。あなたと異なる意見は，あなたに新しいモノの見方に気づかせてくれるでしょう。科学に決まった解答はないのです。
　もしかすると，あなたはシミュレーションで研究倫理に違反する判断をしてしまったかもしれません。しかし，間違いを恥じる必要はありません。シミュレーションで大事なことは「自分の意見」をもつことです。間違えたら，次から正せばよいのです。一方で，もしあなたが，自分の意見をもたずに解答を見てしまったとしたら……それは恥じなければなりません。間違うことを恐れて自分の意見をもたないことは，科学者として最もよくないことだからです。
　研究とは未知を探究する場です。予想はつねに裏切られます。正解とは思えない結果が新たな発見につながることもよくあります。間違うことを恐れていては，本当に重要な発見を見逃してしまうでしょう。それでは世界を変える研究はできません。ケーススタディやシミュレーションは，自分自身の意見をもち，結果に応じて自分自身の意見を柔軟に変える練習にもなります。
　研究倫理の教育は，今後，大学から高校へ広がっていくでしょう。あと10年もしないうちに，全国の高校で研究倫理が教科書に載る時代が来そうです。その次は……おっと，来年の話をすると鬼が笑うといいますし，先の話はこの辺にしておきましょう。
　この本は，研究について興味のある若いあなたに向けて贈る，時代に少し先駆けた本です。おそらくこれまであまり考えることがなかったであろ

う研究のルールについて，この本からひとつでも新たな発見につながったのであれば幸いです。また，この本を読んで新たに研究者を志すようになってもらえたのであれば，これにまさる喜びはありません。そして，世界を変える研究を進める研究者が増えてくれることを願っています。

 2018 年 7 月

大橋　淳史

■ 著者紹介

大橋 淳史（おおはし あつし）

愛媛大学教育学部 理科教育講座（化学）准教授

1971 年　東京都生まれ
2001 年　千葉大学大学院自然科学研究科修了
慶應義塾大学文学部化学教室助教などを経て
2009 年より現職
ジュニアドクター育成塾（愛媛大学）実施中

博士（理学）
専　門　科学教育，化学教育

本文イラスト　TAKA

13歳からの研究倫理
知っておこう！ 科学の世界のルール

2018 年 8 月 10 日　第 1 刷　発行
2024 年 9 月 10 日　第 11 刷　発行

著　者　大橋 淳史
発行者　曽根 良介
発行所　（株）化学同人

〒600-8074 京都市下京区仏光寺通柳馬場西入ル
編集部　TEL 075-352-3711　FAX 075-352-0371
企画販売部　TEL 075-352-3373　FAX 075-351-8301
振　替　01010-7-5702
E-mail　webmaster@kagakudojin.co.jp
URL　https://www.kagakudojin.co.jp
印刷・製本 大村紙業株式会社

検印廃止

《(社)出版者著作権管理機構委託出版物》
本書の無断複写は著作権法上での例外を除き禁じられています．複写される場合は，そのつど事前に，(社) 出版者著作権管理機構（電話 03-3513-6969，FAX 03-3513-6979，e-mail: info@jcopy.or.jp）の許諾を得てください．

本書のコピー，スキャン，デジタル化などの無断複製は著作権法上での例外を除き禁じられています．本書を代行業者などの第三者に依頼してスキャンやデジタル化することは，たとえ個人や家庭内の利用でも著作権法違反です．

Printed in Japan ©Atsushi Ohashi 2018 無断転載・複製を禁ず
乱丁・落丁本は送料小社負担にてお取りかえします

ISBN978-4-7598-1967-0